◆畑のローテーション◆

◎左の1～3の畑内における1年間の作付けパターン

	春～初夏	夏	秋～初冬
A キュウリパターン	キュウリ	休ませる	½ 大根 ½ 白菜
B サツマイモパターン	サツマイモ →		収穫後すぐ ホウレンソウ
C ジャガイモパターン	ジャガイモ	休ませる	コカブ、ラディッシュ、サニーレタス、チンゲン菜の中から、各自好きなもの2～4種類

◎1年ごとに、1～3の畑でつくるA～Cパターンを移動させる

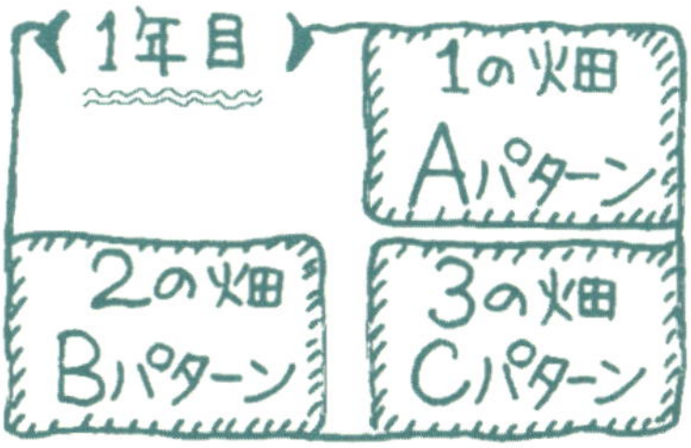

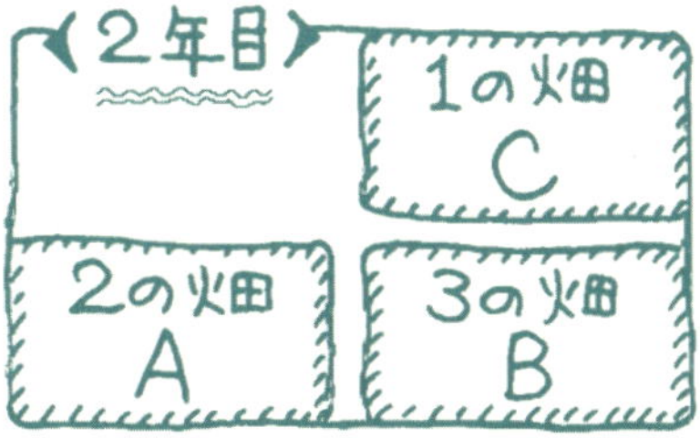

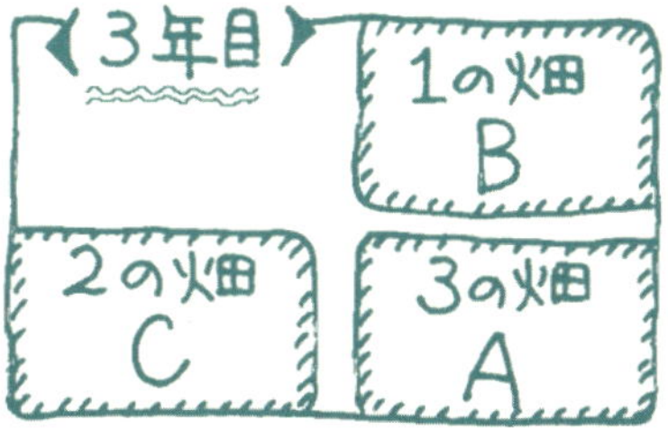

4年目以降繰り返し

教育農場の四季

人を育てる有機園芸

澤登早苗

コモンズ

はじめに

私が勤務する恵泉女学園では、学園が誕生した1929年から、「園芸」が、「聖書」「国際」とともに、教育の3本柱のひとつとして位置づけられてきました。88年に大学(人文学部のみの単科女子大学)が開設されて以降も、実習科目「生活園芸Ⅰ」は全学生を対象とした必修科目です。この授業では、キャンパスに隣接する教育農場で学生たちが週に1度90分間、汗を流し、自分の手で作物を栽培します。94年からは化学肥料と農薬の使用を取りやめ、有機農業を基盤とした実習教育を展開してきました。2001年8月には教育機関として初の有機JAS認定(有機農産物の検査認証制度にもとづいて認定を受けると、「有機」と表示して農産物を販売できる)を受け、今日に至っています。

「総合的な学習の時間」に農業や栽培教育が取り入れられるなど、農業がもつ教育力は近年、これまでにないほど注目されるようになりました。しかし、その一方で、食や農をめぐる状況はきわめて逼迫し、いのちの源である食べものが単なる一商品として、自由貿易と国際競争のもとで翻弄されています。すぐにお金にならないものは切り捨てられ、農業や農村は豊かさを失っただけでなく、多くが存亡の危機に瀕していると言っても、言いすぎではありません。農業の教育力を発揮すべき現場となる農業・農村は、窮地に追い込まれているのです。それゆえ、始まったばかりの農業のもつ教育力を活かそうとする取り組みに、混乱が生じているところも少なくありません。

農業を知らない学生たちに対して何を伝えていけばよいのか、何を伝えられるか。有機農業を基盤とした実習教育プログラムに切り替えて10年間、私たちは考え、苦しみ、そして楽しみながら、実践を積み重ねてきました。この本では、そうした経験をもとに、どうすれば有機農業のもつ教育力を発揮できるか、何に焦点をあてて栽培を行い、どう伝えればよいかを、具体的に示していきたいと思います。

教育プログラムとして有機農業がもつ可能性の大きさに気づけば気づくほど、それを形に示す必要性を私は感じてきました。「生活園芸Ⅰは単なる体験でしかない」という指摘も受けながら、「そんなことはない。そこには人を育てる大きな教育力がある」と心のなかで叫びながらまとめたのが本書です。

第１章では、どんな農業であれば教育力を発揮できるのか、農業技術の近代化は農業がもつ教育力にどんな変化をもたらしたのか、に焦点をあてて検討しました。そのうえで、有機農業を基盤とした園芸教育が学生にどんな効果をもたらしているのか、学生に対するアンケート結果や彼女たちのレポートから考察しています。内容的には、やや固くなりました。ここは最後にして、第２章から読み始めてもかまいません。

第２章では、可愛いイラストで、実習にふさわしい格好、必要な道具、年間栽培スケジュール、四季の移り変わり、畑で見られる生き物たちの様子などを紹介しました。あわせて、学生たちが１年間の授業をとおして何を感じたか、生の声をお伝えしています。

第３章では、有機農業の基本と栽培技術について述べました。とくに、有機栽培にチャレンジしたいけれど、作物がきちんとできるかどうか不安があるという方のために、有機栽培への転換初期における混乱期を私たちがどのように乗り切ってきたのか、率直に記しています。続いて、有機農業の基本的な考え方を紹介し、施肥・耕耘・播種など各作物に共通する栽培技術について、わかりやすく整理しました。

第４章は、教育農場で栽培している作物について、それぞれの栽培管理方法をイラスト入りで具体的に紹介した章です。本来は、作物の生育に人が合わせなければなりませんが、授業のスケジュールに合わせて栽培プログラムを組んでいるため、多少の無理はあります。とはいえ、ひとりでも多くの学生に園芸や農業の豊かさを学んでもらうために、私たちは誰でも気軽に取り組める栽培方法を工夫してきました。その実践は、小学校から大学まで幅広く参考になるでしょう。

第５章では、総合的な学習の時間のための栽培プログラムを提案しました。総合的な学習の時間を単なる体験で終わらせずに、本来の目的である「生きる力を育む」ものとするためには、教える側の姿勢や体制が大きく影響します。ここでは、何を伝えるべきか、どのような心がまえで臨むべきかを、簡潔にまとめました。すべて実践にもとづいて組み立てているので、自信をもってお薦めできるプログラムです。

なお、巻末には、私たちが栽培している作物名の複数言語による一覧表を付けました。本学はアジアの国々との関係が深いため、アジア語に重点をおいて作成しています。

教育現場や家庭において、多くの方々に有機園芸(有機農業)の豊かさを実感してほしい。本来の豊かで幸せな生活を取り戻してほしい。そう願いながら、私はこの本を書きました。世界各地で紛争や戦争が起き、コミュニティーが崩壊している今日、有機農業には、暮らしを豊かにするだけでなく、人と人の関係、人と自然の関係を見つめ直し、コミュニティーを再構築していく力、平和を導く力が備わっていると、私は信じています。世界平和の基本は、違いを認め合い、異なるものが共存する社会づくりではないでしょうか。

異なるものとの共生という考え方は、まさしく有機農業の基本でもあります。暮らしに豊かさを取り戻し、世界に平和を導くために本書を役立てていただければ、幸いです。

教育農場の四季もくじ

第1章 園芸教育の大きな効果

大学における有機農業プログラムの実践から

農業のもつ教育力が注目されています。しかし、どんな農業でも、いのちを育み、生きる力を育てるわけではありません。共生、循環、生物多様性の３つを大切にする有機農業にこそ、人と人との関係、人と生き物の関係、人と自然の関係を豊かにする教育力があります。恵泉女学園大学では、必修授業の生活園芸Ⅰで学生たちが野菜や花を育ててきました。そして、自然と向き合い、いのちあるものとの共生を実体験し、子育てや人間関係に思いをめぐらせていきます。

第1章
園芸教育の大きな効果 大学における有機農業プログラムの実践から

1　農業のもつ教育力

◆特別な存在になった農業や農村

近年、食をめぐる問題がつぎつぎと起こっています。その大きな要因は、生産者と消費者の距離が離れ、いのちの産物であり、いのちを支えている食べものが「食品」となり、利益第一主義の単なる一商品として扱われるようになったことでしょう。「顔の見えない食べもの」が増え、自分の食べているものに関心を示さない消費者が増えてきました。

現代社会では、自分の食べているものの素顔を知る機会がなかなかありません。作物が畑でどう育っているのか、食べものを誰が、どこで、どうつくっているのかを知ろうとすることは、非日常的な、ぜいたくとさえ思われる行為です。身近なところに当たり前のものとしてあった農業や農村は、いまや特別な存在になりつつあります。

また、今日の学校教育では、「農業についての教育(農業を教えること)」も「農業による教育(農業で教えること)」も、産業を支えるための専門教育という位置づけです。歴史的に見ると、農業の教育は一般教育と無関係であったわけではありません。江戸時代の農民たちは、日常的に家業の訓練、すなわち農業の教育を受けるなかで自己形成していったといわれています。当時は、農業が一般教育として重要な役割を果たしていました。

ところが、明治時代以降に進められた近代教育政策のもとで、農業教育は人格形成の根本にかかわる一般教育として認められなくなっていきます。そして、農業という一職業の技術教育として、農学校教育のなかに閉じ込められていったのです。

1964年には、日本農業を憂い、農業教育に思いをはせた教員や研究者などが集まり、農業教育を専門に研究する「日本農業教育学会」が設立され、研究活動が行われてきました。しかし、一般教育としての農業教育を軽視する流れに歯止めをかけられたとはいえません。農業に関する専門技術教育プログラムは、一貫して退潮・停滞傾向にあります。

◆一般教育として脚光を浴び出した農業の教育力

そうしたなかで、2002年度から導入された「総合的な学習の時間」の実践モデルとして、「農業体験」や「飼育栽培活動」が注目され、農政局など公的機関でもそれを支援する体制が整えられつつあります。「食農教育」という言葉は、広く世に知られるようになってきました。農林水産省や厚生労働省、文部科学省も食育を推進する事業を開始し、国会では「食育基本法」の制定も間近といわれています。

農業がもつ教育力については、これまでも多くの人びとによって論じられてきました。たとえば渋谷寿夫・岩浅農也氏らは、『教育にとって自然とは』(農山漁村文化協会、1986年)で、「なぜ、自然・たべもの・農耕が教育すなわち人間形成の原点となり得るのか」を追求し、農業と教育の関係、農業のもつ教育力について、多面的に論じています。岩浅氏は「①農業のなかには、人間として生きていくうえで考えなければならない内容がある、②教育の効率という考えのなかに工業的・企業的な発想が持ち込まれると、教育は破壊される、③競争を学習の動機づけとすべきではない、学習の動機づけは現実のプロジェクトに協同して立ち向かうこととすべきである」としたうえで、つぎのように「知育の原点としての農業学習」の重要性を説きました。

「農業は、生命あるものを育てる仕事を本質とするのであるから。人間を人間らしく育てる教育と本質的に通じあっているのだから」

また、86年に発足した「農業・農村と教育に関する懇話会」(財団法人・農村開発企画委員会)の中間報告では、「農業・農村が都市の子どもたちに対してかけがえのない教育環境となってきたこと」が強調されています。この委員会は、国土庁(当時)の委託で発足したものです。これは、国が農業・農村がもつ教育力をめぐる問題に正面から取り組み、その論点を包括的に整理した初めての報告書であるといえるでしょう。

しかし、近年ほど農業のもつ教育力が広く注目されたことはありません。小・中学校では、総合的な学習の時間が導入されて以来、生きる力を育むための有効な取り組みとして、飼育・栽培・農業体験が位置づけられています。地元生産者を講師に招いたり、農家に出かけたりと、各地の試みは多彩です。農業の教育力は、いのちを育む食べものを自然とかかわりながら生産する体験をとおして、生きる力や食べる力を身につける一般教育プログラムとして、脚光を浴び始めました。

2002年に「『食』と『農』の再生プラン」を発表して以来、「消費者に軸足を移した」農林水産行政を進めてきている農林水産省では、食育を「消費者に対し『食』の安全性に関する知識、『食』の選び方や組み合わせを教えるもの」と定義。その取り組みを支援する体制を急速に整備しつつあります。

厚生労働省でも、アトピー、肥満、小児成人病など食生活に起因すると思われる問題の増加と深刻化を背景に、04年2月に食育に関する初の指針「楽しく食べる子どもに～食から☆はじまる☆健やかガイド～」をとりまとめました。これは、03年6月から開催されてきた「食を通じた子どもの健全育成(―いわゆる「食育」の視点から―)のあり方に関する検討会」の議論をまとめたもので、子どもの「食べる力」を育てるための目標を示しています。

これらの食育教育では、農業体験などの農業教育が主要なものとして位置づけられています。さらに、経済界においても、経団連の会長であった浜田広リコー会長(当時)が2000年に開催された政府の教育改革国民会議で教育としての「国民皆農業」を提案。神奈川県松田町に浜田氏を総合塾長とするNPO「市村自然塾関東」が設立され、02年3月から小学校4年生から中学校3年生の男女約30名を対象にした私塾が開かれています。その基本理念は「生きる力を大地から学ぶ」。3月下旬～11月下旬の隔週の週末に、農作業を中心とした自然体験活動と共同生活を行う教育プログラムが実施されています。

◆なぜ、注目されるようになったのか

日本では60年代以降、高度経済成長にともない都市化や工業化が急激に進行し、農村部から多くの人びとが労働力として都市に流入しました。これらの都市流入者はそのまま都市に住み続け、その第2・第3世代は都市に生まれ育った「生粋の都市住民」となる場合が多くなっています。一方、田舎暮らしや農家暮らしへのあこがれは年々増えているものの、都市から農村への移入は非常に少ないのが現状です。

その結果、農業や農村体験をもつ人口は大幅に減少し、いまや大多数にとって農業・農村は、すでに述べたように非日常的な存在となっています。それゆえ、多くの人びとが農業や農村が与えていた教育力に気づき始めたのではないでしょうか。

また、急速な都市化のなかで、教育環境が悪化してきたという事情も指摘されています。いまや近代化の波は、都市部だけでなく、農業や農村部の隅々まで行き渡りました。農業・農村を取り巻く環境も、人と農業のかかわりも、以前とは大きく変わっています。農村地帯であっても、農業体験や動物の飼育体験をもたない子どもが増え、小学校の授業で初めて農業にふれる子どももいるのが実情です。

とくに、テレビゲームが登場して以降の約20年間で、子どもの遊びはすっかり様変わりしました。遊びの中心は、自然の世界からゲーム機による空想・仮想の世界へと移ったようです。かつての「たまごっち」の大ブームに代表されるように、仮想空間上で栽培や飼育を楽しむ人も少なくありません。そこでは、「生」と「死」がボタンひとつで行き来可能です。それを反映して、子どもや若者の間に、仮想空間と現実社会の区別ができていないと思える行動が観察されたり、テレビゲームが影響していると思われる傷害事件が増えています。

このように、近代化にともなうさまざまな社会の変化のなかで、農業のもつ教育力が注目されているのです。

2　どんな農業が教育力を発揮するのか

◆農業の近代化による農業と農村の変容

明治時代以降、農業教育の位置づけが大きく変わったように、農業のあり方も大きく変わっていきます。農業が近代化されるまで、つまり今日のように農薬や化学肥料が当たり前に使用されるまでは、農業といえば有機農業のことを指していました。また、誰もが農業や農村との接点をもち、農業・農村体験がありました。人びとにとって農業や農村は日常的な存在であり、それは生きるための基盤であるとともに、学びの場であったのです。

しかし、60年代以降、化学肥料や化学合成農薬に依存する近代化農業が「慣行」＝「普通」の農業、「有機農業は特別な農業」と言われるようになりました。今日、農業と一口に言っても、近代化農業と、有機農業を頂点とする環境創造型農業との二つに大きく分けられます。したがって、農業の教育力を考えるときにも、この違いを考慮する必要があるのではないでしょうか。

近代化農業の主目標は作物の生産効率性の向上です。そのために、田畑などの耕地利用の単純化、作物の専作化と産地化が進められ、耕地生態系は単純化していきました。それは耕地生態系の不安定化を招き、その結果として発生する病害虫に対して、対処療法として農薬散布を行うという体系が普及したと言われています。

農業の近代化は、一方で農民の知恵を排除しました。農民の知恵とは、単一の作物や仕事に依存しない柔軟な労働体系をつくり出し、その地域の条件に合った複合的・リスク分散的な農の営みの確立を支えてきたものです。言い換えれば、その地域の自然を生かし、さまざまな仕事を組み合わせていく知恵や工夫ともいえるでしょう。それは、営農の安定化に加えて、相互に助け合う営農体系をつくり出し、農村の豊かさの基盤になっていました。

農業の近代化は、耕地生態系を単純化させ、生物の多様性を低下させるとともに、農民の知恵の上に形成されていた農村の豊かさを失わせることになったのです。

◆近代化農業に教育力はあるか

では、農業であれば、すべて教育力をもっているのでしょうか。

農業が「農の営み」であった時代、すべての農業は、いのちを育むというメッセージを有していました。しかし、農業の近代化によって生まれた「産業としての農業」、すなわち効率性第一主義の農業からは、いのちを育むというメッセージは伝わりづらいと思います。なぜなら、そこでは生産効率性のみが評価され、都合の悪いもの＝お金にならないもの・お金につながらないものは、排除・淘汰されてきたからです。

近代化農業の基本的な考え方は、つぎの3点に集約できるでしょう。

①耕地生態系を単純化し、目的とするもののみを効率的に生産する

②共生ではなく排除

食料確保のためには魚や虫、雑草など他の生き物を排除し、生き物同士のいのちのつながりを分断しようとする。

③生産環境以外の環境は視野にない

生産性向上のためには、生き物や環境が犠牲になっても仕方ない。「自分たちが食べるものの生産のためには、虫や魚や鳥が多少はいなくなっても仕方ない」と教えながら作物を育てる。食べものをつくっている田畑にもかかわらず、「農薬の散布後は危険だから、立ち寄るな」と注意を促す。こうしたおとなの言葉に対して、子どもはどう反応するでしょうか。こういう農業から子どもの生きる力を引き出せるでしょうか。

いや、それどころか、近代化農業の「役に立つものだけ、優良なものだけを育て、役に立たないものは無害であっても淘汰する」という考え方は、「エリートだけを育てる」「過程はどうであれ結果さえよければいい」「みんな同じでなければいけない」といった誤った教育観につながる可能性さえ含んでいるのではないでしょうか。

近代化農業技術の研究開発においては、耕地生態系と自然生態系は相容れず、共存できないと決めつけられてきました。そうした研究者は、いまもってこう述べています。

「化学肥料……遺伝子組換え作物の作出がきわめて重要である。このような方法で耕地生態系の生産効率を最大限にし、耕地生態系の面積を最小限にすれば、結果的には生物多様性に富む自然生態系の維持保全にも繋がる」(三枝正彦「循環型農業と最大効率最小汚染農業」『化学と生物』42巻1号、2004年)

一口に農業と言っても、近代化農業と有機農業では、その内容や考え

方には大きな隔たりが見られ、当然それによって農業の教育力も大きく異なるわけです。

また、陣内義人氏は「農村は自然があるだけで教育価値をもちうるわけではない。そこに住む人々の生活意識、生活行動がひとつの教育環境をつくり、その価値を生み出すものだ」と述べ、都市との断絶のなかで生きてきたかつての農村は十分な教育的環境を提供できなかったが、都市と農村との関係性が変化し、農業観が移り変わってきたことから、現在はその素地ができた、としています（七戸長生・永田恵十郎・陣内義人『農業の教育力』農山漁村文化協会、1990年）

さらに、市川次郎氏は農業のもつ教育的価値を高く評価したうえで、つぎのように述べています。

「農業の行われているところには必ず農業的思考があるというわけではないし、農業が子どもの知性を磨くといっても農業ならなんでもよいわけではない」（前掲『教育にとって自然とは』）。

いま主流となっている近代化された農業、工業化された農業、都市化された農村には、どれだけ「農業の教育力」が備わっているのでしょうか。大いに疑問です。

◆教育力を発揮する有機農業

一方、有機農業がめざしているのは、つぎの３点です。

①共生——多種多様な生き物、多様な価値観を認める。

②循環——いのちのつながりと物質の循環を大切にする。

③生物多様性——生物相豊かな耕地生態系をつくり、維持していく。

この３点を大切にする農業には近代化によって失われた豊かさがあり、人を豊かにしていく力＝教育力があります。人と人との関係、人と他の生き物との関係、そして人と自然の関係のいずれの面でも、有機農業には近代化農業では伝わりにくい、伝えられない豊かさが備わっています。

有機農業や環境創造型農業が成立するためには、自然にかかわる人間の営みによって起こる諸現象を常にトータルに捉えながら、実践を通じて集積されてきた農業的思考が必要です。農業は自然を破壊する面をもっていますが、その破壊によって新たな自然の循環＝自然環境が再びつくられてきました。里山や棚田がその代表です。このことを認識したうえで、環境を創造する農業をつくりあげていかなければなりません。都市化が進み、他の生き物や自然との関係が分断された空間に住む人びとが増えた今日、農業が教育力を発揮するためには、近代化によって分断されしまったこの関係に目を向け、実感できることが重要です。

宇根豊氏は、「有機農業の出番は、近代化された農業ではなく、前近代的な面が残っている農業だからである。あるいは、近代化を超えようとしている農業だからである」「人間の根本的な生きる力とは、自然に働きかけて、めぐみを享受する仕事と暮らしのなかにある。このことは有機農業の豊かさを、『生産』の面からではなく、伝承・教育・文化・精神世界の面から照らし出すことになるだろう」と述べ、百姓仕事を体験させる目的として以下の７つをあげています（「新しい学なりにまなざしの転換を」日本有機農業学会編『有機農業研究年報 Vol.2』コモンズ、2002年）。

①それが、人間の「仕事」の原型だからである。
②人間と自然の「関係」の本質がわかるからである。
③決して仕事は苦役ではないことがわかるからである。
④決して仕事は効率追求が目的ではないことが、人間の思いどおりにはならないことがわかるからである。
⑤工業労働は目的だけを追求するマニュアル化された労働だとわかるからである。
⑥生産とはカネになるものだけを追求することではないとわかるから

である。

⑦自然は科学だけではとらえられないことが、その前に感じることが大切だとわかるからである。

つまり、農業が教育力を発揮するためには、そこで有機農業(あるいは有機農業を頂点とする環境創造型農業)が営まれている必要があります。総合的学習の時間や食育、食農教育がいま本当に必要としている教育力の大部分は、有機農業の営みのなかに存在しているのです。

3　高等教育機関における有機農業教育

◆全国10数校に広がる

「高等教育の現場で、有機農法が静かに広がっています」

これは、『朝日新聞』「くらし欄」(2003年9月22日)の冒頭の文章です。全国紙に有機農業教育について載ること自体が画期的で、時代が変わってきていると実感しました。その記事によると、有機農業を学ぶための実習や講義をもつ専門学校、農業大学校、大学が増えており、その背景には「有機農業を学びたい」という学生の増加があるということです。

現在、有機農業に関する教育を行っている高等教育機関は、有機JAS認定農場をもつ恵泉女学園大学、鯉淵《こいぶち》学園(茨城県水戸市)、日本農業実践学園(水戸市)、佐賀大学(04年9月30日現在)のほか、山形大学、三重大学、岡山大学、茨城大学、筑波大学、埼玉大学、京都精華大学、九州東海大学など、全国で10数校あると思われます。また、北海道農業大学校の農場が有機JAS認定を取得したり、三重県農業大学校に「環境保全と有機農業」の講座がおかれるなど、各道府県の農業大学校でも有機農業に関するコースや講座を新設しようとする動きが活発になっているようです。

◆教養教育科目か専門教育科目か

有機農業を教育プログラムとして考えるとき、その位置づけは教養教育科目と専門教育科目の二つに大別でき、これらは別々に論じる必要があります。すなわち、「有機農業で教える」か「有機農業を教える」かの違いがあり、両者では教育プログラムの焦点が自ずと異なるからです。

教養教育としての有機農業では、農業を生産効率性の視点から捉える必要性は強くありません。その分、他の生き物とのかかわり、いのちあるものへの慈しみなど、人間と自然のかかわりが見えやすくなります。また、農業との関係が希薄な対象者も多く含まれるためか、有機農業のもつ特性が理解されやすく、自然界には人間の力ではどうにもならない現象があることも受け入れられやすいようです。

こうした特徴を子育て、人間関係、環境問題など身近な暮らしにおいても見出し、役立てている指導者も、少なくありません。つまり、「有機農業で(を介して)教える」ことからは、有機農業の普及・推進効果のみならず、暮らしを豊かにする教育としての大きな効果が期待できます。

一方、専門教育として考えると、学問としての有機農業はまだ発展途上です。有機農業の基本技術や生態系を現場から学びながら学問として体系化していく研究が、立ち遅れています。また、近代化農業と有機農業(環境創造型農業)とでは、耕地生態系に対するアプローチが大きく異なるため、生産効率性という単一指標だけではなく、農の豊かさに関して多面的に捉えていかなければなりません。そのためには、現在の手法では不十分であり、新しい方法論の開発が急務です。

このことは、教育プログラムとしての有機農業の有効性は認めても、専門教育としての有機農業は別であると考える教員が多い現状に、反映されているでしょう。

◆教養教育としての導入を困難にする近代農学の考え方

これまで、農業教育を導入あるいは実践してきた高等教育機関は、専門教育として農学を学ぶところです。教養教育として農業教育を導入している恵泉女学園は、非常に珍しい存在でした。そこで、ここでは、高等教育機関における農業教育の中心となってきた近代農学の研究・技術開発の考え方と姿勢について整理しておきたいと思います。

農業技術の近代化の過程においては、工業に比べて農業の生産性が低いのは自然を相手にする農業の本質によるという事実が忘れられ、ひたすら労働生産性、土地生産性などの生産効率性だけが追求されてきました。石原邦氏は、この過程について、つぎのように述べています。

「化学肥料、農薬など……を多量に投入することを通じて、高い生産性を挙げることを単一の目的として追求してきた」「経済的に最も合理的な道を進んできた」「耕地生態系の単純化を極端に追求した結果として、作物の生育制御を容易にし、目的にかなった生産を実現することが可能になったといえる。その結果耕地生態系のもつもう一つの特徴であり、弱点ともいうべき不安定性を著しく助長することとなった」(「環境保全型農業と作付様式」『環境保全型農業の課題と展望』大日本農会、2003年)

それは、自分に都合のよいもの(=作物)だけを残し、残り(=利用価値のないもの)は淘汰するという、「排除の技術」と言い換えられるでしょう。

もうひとつ見落としてはならないのが、「タコツボ」式の研究教育スタイルです。私は大学院時代にニュージーランドに留学して以来ずっと、日本の農学研究者は異分野間での交流が少ないために、農業や農業技術を総合的に見られず、それが研究上の障害になっていると感じてきました。しかし、この問題を海外の研究者に投げかけると、返ってくる答えの大半は「日本の基礎研究はすばらしい」という評価です。この矛盾はどこからきているのか、不思議で仕方ありませんでした。

この疑問に対する答えを最近、前述の石原氏の論文に発見しました。石原氏は、研究の仕方や学問のあり方を、一つ一つが完全に独立している「タコツボ」と、一本一本が独立しているように見えるが実は根元でつながっている「ササラ」(竹の先を細かく割って束ねた道具。中華鍋などを洗うときに使われる)にたとえています。そして、近代科学を生んだ西欧は「ササラ型」であるのに対して、日本は「タコツボ型」である、というのです。

石原氏は、タコツボ型では「それぞれの学問分野の独自性が非常に高く、農業や農業技術を通じて学問相互の関係が捉えにくくなっている」から、環境保全的な農業の研究はタコツボ型では不可能であり、ササラ型の発想方法と思考方法が不可欠であるとしています。そして、日本でも農学の研究や農業の「技術開発の考え方、姿勢が『タコツボ型』から脱して『ササラ型』へ変革されることを期待したい」と述べています。

たしかに、タコツボ式の研究教育スタイルのもと、「木を見て森を見ない」的な研究と技術開発が行われてきた日本の近代農学においては、生産効率性以外の大きな指標である環境保全に目が行き届くはずはありません。それは、日本の有機農業研究がヨーロッパに比べて大きく遅れをとってきた根本的な理由のひとつでしょう。

排除の理論とタコツボ型研究教育スタイルの２つを大きな特徴とする近代化農業では、人が人として生きていくうえで必要な自然とのかかわり方やいのちのあるもの同士のつながりを見出すことは困難です。当然、そうした農業を教養教育として取り入れる教育機関は出てきません。そう考えると、恵泉女学園が70年以上も前から園芸(農業)教育を重要な教養教育として位置づけ、実践してきているにもかかわらず、いまだに希な存在であることが、理解できると思います。

4　恵泉女学園大学における有機農業教育

◆誰でも挑戦できるカリキュラム

「はじめに」で書いたように、恵泉女学園では、教育理念のひとつとして園芸が位置づけられ、園芸実習科目が必修科目とされてきました。学園創設者の河井道は、園芸を「自然を慈しみ、生命を尊び、人間の基本的なあり方を学ぶ」ものとし、その精神を「ありふれたものの美しさを味わい、額に汗して自分の庭に花や野菜を作ることは、身も心も健康にするものである」(河井道『わたしのランターン』恵泉女学園、1968年)と表現しています。

◆誰でも気楽に挑戦できるカリキュラム

恵泉女学園大学では、生活園芸Ⅰの授業が、1年次の必修科目となっています。学生は全員が文科系学部(人文学部と人間社会学部)ですから、高校生までの授業で植物を育てたり作物を収穫した経験はあっても、主体的に土にふれて作物を育てた経験はほとんどないようです。入学直後の学生の大半は、園芸や農業に特別な関心をもっているわけではありません。どうしてこんなことをしなければならないのか疑問に感じたり、実習を面倒がる学生も、少なくありません。

授業は1年を通じて、週に1回90分、通常の講義科目と同じ枠組みで行われます。月曜日の1時限に教育農場で実習を行い、次の時間は教室で語学の授業を受けるという学生も当然います。農学部で私が受けてきた農場実習は、午後はすべて実習時間で、終了後に他の講義はありませんでした。一般的な農学部とは事情が異なるわけです。

また、夏休み期間中には実習を行いません。この2カ月間は学生が畑に来ないことを前提としています。さらに、農学部の農場のように、農場管理を行う技術員が大学にいるわけではありません。

したがって、実習プログラムの作成にあたっては、無理なく誰でも栽培でき、楽しめて、2カ月間の夏休みがあっても大きな支障をきたさない作目や作型を選んでいます。もちろん、化学肥料や農薬は一切使用しないので、土づくり、品種の選択、適期適作が成功への鍵です。

そうしたなかで、教育機関として初の有機JAS認定を受けました。また、園芸、心理、環境の3分野から成る人間環境学科の新設(01年4月)にともない、専門科目として「有機農業学」も開講しました。その1期生が4年生となった04年には、NPO主催の「オーガニック検査技術講習会」の学内開催を招聘し、実習と講義の両面を学んだ学生を有機農業の検査員やサポーターとして育成し、社会に送り出す体制づくりも始めています。

◆教育プログラムの概要と指導の重点

実習の中心は野菜の栽培で、フラワーアレンジメント用のドライフラワー材料が加わります。農薬や化学肥料を用いなくてもつくりやすい作目を選び、適期栽培を心がけてきました。

肥料は、牛糞堆肥、発酵鶏糞、米ぬか、草木灰(草や木を燃やしたもの)、焼成有機石灰(商品名：ハーモニーシェル。カキガラを焼いて吸収しやすくしたもの)。牛糞堆肥は八王子市の磯沼ミルクファーム、発酵鶏糞は町田市の荻野養鶏場、米ぬかは地元の落合商店街(多摩市)にあるお米屋さんと、主要肥料はいずれも地域内で入手しています。また、マルチ材料の刈り草や刈り込み枝、草木灰の製造や焼きイモ用の薪も、地元の造園屋さんや植木屋さんにお願いして、持ってきてもらっています。

こうした投入資材は、一般には産業廃棄物として処理されているものです。その利用によって、地域における資源の有効活用に寄与しているといえるでしょう。

そのほか、誘引ひもには麻ひも、収穫物の包装には新聞紙を用いるなど、環境負荷の少ない資材の活用に努めています。

生活園芸Ⅰの実施概要を表1に示しました。1学年は440名前後で、それに再履修生が加わるので、毎年480名程度の学生が、7〜8クラスに分かれて実習を行っています。1クラスは50〜70名。指導にあたるのは、教員1名と授業補助スタッフ2名です。

実習の最大の特徴は、自分の畑の区画が固定されていること。2人1組で1年間、決められた番号の区画を管理します。1区画の大きさは、当初2m×0.6m=1.2㎡でした。しかし、入学定員の増加によって、99年以降は1.5m×0.6m=0.9㎡としています。

授業では、番号によって特定されている3〜4区画(2人1組の畑)と、クラス全体で管理する畑(共同畑)の両方で栽培を行います。最初の20〜30分で実習内容の説明とミニ講義を行ってから実習に入り、雨の日は教室での講義です。94年からの10年間で品目には多少の変更がありましたが、基本的に1年2毛作、特定の作物を春・秋で組み合わせて栽培します。また、畑の場所は作目ごとにまとめ、連作にならないように、3年を1周期とする輪作を実施してきました。

収穫物は、原則的に持ち帰り、自分で料理し、自分で食べます。自分の畑を耕して種子を播くところから始まり、自分で収穫して食べるところまで行って初めて、プログラムは完結するわけです。また、授業中に野菜の味を楽しむ機会も積極的に設けてきました。たとえば、ジャガイモの収穫日にはその場で茹《ゆ》でジャガイモを、収穫したサツマイモの一部は後日焼きイモにします。さらに、最後の授業日には畑で冬野菜の味噌

表1　恵泉女学園大学における「生活園芸Ⅰ」の実施概要

履修者数	480名前後
学生数／クラス	平均60±10名
指導／クラス	教員1名、授業補助スタッフ2名
教育農場の規模	4圃場、72 a
畑の割り当て	①個別管理区画　0.9m²×3〜4カ所／組(2人) ②クラス別共同管理区画
授業時間	90分×1回／週×25回／年 前期：4月下旬〜7月中旬、後期：9月下旬〜1月中旬
授業の進め方	20〜30分　実習内容の説明・ミニ講義 60〜70分　実習 雨天時は教室で講義
栽培品目 ①個別管理 ②共同管理	区画1：ジャガイモ→コカブ・チンゲン菜・ラディッシュ・サニーレタス 区画2：キュウリ→大根・白菜 区画3：サツマイモ→ホウレンソウ 区画4：ムギワラギク・センニチコウ ショウガ・里イモ
投入資材(入手先) ①土壌肥料 ②マルチ材料	①牛糞堆肥・発酵鶏糞(地域の畜産農家)、米ぬか(近隣の米穀店)、草木灰(自家製)、焼成有機石灰(専門業者) ②刈り草・刈り込み枝・剪定枝チップ(近隣の造園業者など)
使用農具 ①基本的なもの ②その他	①四本鍬、草刈り鎌、移植ごて、はさみ、バケツなど ②スコップ（里イモ、牛糞堆肥）、手箕、一輪車(マルチ運び)、フォークなど
おもな作業内容 ①全作物共通 ②作物別	①施肥、耕耘、播種・定植、除草、マルチ、収穫 ②芽欠き・土寄せ、支柱立て、誘引、追い播き・間引
収穫物の活用 ①基本原則 ②農場での試食会	①収量調査を行った後、持ち帰って食べる ②茹でジャガイモ、焼きイモ、冬野菜の野菜汁、生食（キュウリ・大根・白菜など）

汁をつくって食べ、大根や白菜を生で味わいます。

授業を行うにあたっての目標は、野菜や花の生産とそれにかかわる技術や知識の習得だけではなく、豊かな感性を備え、一人の人間として自分で考え、行動できる学生を育てることです。そのため、つぎのような点を重視して学生の指導を行ってきました。

①収穫という結果だけでなく、収穫に至る栽培過程を大切にする。
②五感をはたらかせ、周囲の植物や季節の変化を観察する姿勢を養う。
③自分と他者(植物、動物、友人、環境)との関係に目を向ける。
④農場内、地域内、地球規模での循環を認識する。
⑤さまざまなかかわりのなかから、多方面への視野を広げていく。

◆学生たちは何を学んでいるのか

この授業を通じて、学生たちは何を学んでいるのでしょうか。アンケート調査結果と学生の声を以下に紹介していきます。

1)アンケート調査結果

このアンケートは、1年次の学生842人(97年度236人、98年度606人)を対象に、実習開始時の4月と、前期終了後の7月に(97年度は後期終了後の1月にも)実施しました。

①入学以前の栽培経験

両年とも約90%の学生が経験あり。場所は幼稚園や学校が一番多い。

②実習への評価

「うれしかったこと」「よかったこと」「一番印象に残っていること」は、いずれも収穫が一番多い。「嫌だったこと」は、暑さ、マルチ(102ページ参照)、除草の順であった。

③実習による意識変化(97年のみ、開始時と終了時の比較)

園芸作業が「好きな人の割合」は変化していない(63%→61%)が、「どちらとも言えない」が増加(7%→29%)し、「嫌い」が減少(20%→8%)した。
④実習に対する自己評価
高い評価が多い。
⑤栽培以外に学んだこと
協力の大切さ、食べもののありがたさ、収穫の喜び。

2)受講者へのインタビュー
①自分でつくった野菜や花は愛情がわく。
②園芸を通じて家族や友達とのコミュニケーションが増えた。
③育てる大変さから収穫の喜びを感じた。
④青い空、白い雲、輝く太陽を体で感じ、自然の大切さを実感した。
⑤土にふれると心が和《なご》む。
⑥作物を育てることによってさまざまな知識を得て、ふだんの生活のなかでも身のまわりにある作物に興味がわく。

これは、02 年度の受講生が同級生に行ったインタビューの結果です。愛情、コミュニケーション、収穫の喜び、自然の大切さなどが、教育効果のキーワードとしてあげられます。

3)受講者のレポート(01 年度受講者のレポートから抜粋)
①霜が降りても枯れることなく、緑色が濃くなっていく野菜の強さに驚いた。
②自分で育て、自分で調理することの大変さ、喜び。それが人間の本来あるべき姿だと思った。
③人間も自然の一員であると自覚して生活することが大切である。
④食べものを消費するだけという暮らし方は寂しい。
⑤野菜を収穫したときの感動を味わうと、心がやさしくなる。

⑥園芸の授業は時間に追われるのではなく、ゆったりとした時間をもっている。
⑦作物は季節ごとにそれぞれの顔をもっている。その顔を活かすことが大切だと思う。

01年度受講者のレポートからは、野菜の強さ、人間のあるべき姿、自然の一員としての自覚、収穫の感動、心をやさしくする、ゆったりとした時間、それぞれの顔などをキーワードとしてあげられるでしょう。

これ以外にも10年間の蓄積のなかで、レポートや学生との話をとおして、教育プログラムとしての有機園芸が秘めているさまざまな可能性がうかがえます。

4）人間環境学科1期生（3年次）の意見

生活園芸Ⅰに加えて私のゼミに所属し、ゼミで有機農業についても学び始めた学生たちに、「有機農業のもつ教育効果」について質問したところ、以下の答えが返ってきました。

①自分の手で栽培し、収穫した作物で料理をつくることで、食と循環について考えられた。
②農業のあり方、自分たちの生活、環境問題について真剣に考えるようになった。
③有機農業に対する認知度が低く、誤解も多い。
④有機野菜は普通の野菜よりおいしい。
⑤食を通じて、環境問題に目を向けるようになった。
⑥有機農業には地域社会をよくする多くの波及効果を与える可能性がある。

有機農業を核とした園芸実習教育を通じて、学生たちは何を感じ、何を学び取っているのか、上述したような声を整理して表2にまとめました。

表２　有機農業を核とした園芸実習教育を通じて、学生は何を感じ、何を学んでいるか

	行　　為	期待される効果
①	育てる	⇨子育ての擬似体験、人の成長と野菜の生長との類似性・共通性
②	季節を感じ、自然と向き合う	⇨ライフスタイルの見直し、感性を磨く
③	生と死の循環の実感	⇨食物連鎖の理解、いのちを実感する
④	いのちあるものに愛情を育む	⇨子育て、弱者の視点を育む
⑤	植物を介して協調性・人間関係を育む	⇨祖父母、家族、友人などとの関係性の変化
⑥	野菜の味を実感する	⇨本物の味に出会う、食べることを楽しむ
⑦	農業に対する考え方の変化	⇨人と自然、人と農業の関係の理解
⑧	食べものに感謝する気持ち	⇨いのちと農業に対する関心の喚起
⑨	小学校のときとは異なる充実感	⇨発達段階による認識の違い
⑩	他の生き物とのかかわり	⇨いのちあるものや社会的弱者との共生の実感、自己の肯定
⑪	自然界における物質循環	⇨環境問題、資源の循環

(注) ここでは、食の安全性と農薬問題にかかわるものについては意識的に除外してある。

これを見ると、学生たちは、子育てや家族関係から環境問題まで、人が生きていくうえで大切な多くを学ぶ機会を得ていることがわかります。これらのうち、①から⑨は有機農業でなくても、ある程度の教育効果は期待できるかもしれません。しかし、⑩と⑪については有機農業でなければ期待できません。

◆高等教育機関だからこそ得られる効果

有機農業を核とした教育プログラムを通じて得られる教育効果は、受ける側である対象者の年齢すなわち発達段階によって異なることが予想されます。それは、有機農業が実践されている耕地生態系は複雑で多様であり、それに対する理解の深さはおのずと発達段階によって異なるからです。したがって、同じプログラムを就学前の子ども、小学生、中学

生、高校生、大学生、そして成人に対して行った場合、それぞれの発達段階に見合った教育効果が期待できます。

私たちが本学で対象にしているのは、自分の近未来像として結婚・子育てが視野に入ってくる成人前後の、また親の庇護から離れ、ひとりのおとなとして第一歩を踏み出そうとしている学生です。だからこそ、子育ての疑似体験と共生の実感という点で大きな教育効果が上がっていると感じています。とくに女子大であるがゆえに、学生の子どもや子育てに対する関心が高く、レポートには学生自身が野菜や畑の母親になったような思いをしたことを示すつぎのような言葉が、毎年たくさん見られます。

「自分が育てている野菜がまるで子どものように思えてくる」

「子育てとはこんなものなのでしょうか」

「畑で育てた野菜は私が育てた初めてのいのち」

「野菜を種子から育てた畑を(自分の)子どものように心配していた」

また、有機農業の根底にある、さまざまな生き物が共生しているとか、どんなに手をかけても思いどおりにならないときがあるという考え方は、子育てに共通する点が少なくありません。したがって、有機農業で作物を育てることを通じて、子育てに必要なヒントを学び、それが子育て力の向上につながっていきます。さらに、畑で作物だけでなく、雑草、ミミズやクモをはじめとする多種多様な生き物に遭遇した学生たちは、単なる概念としてではなく、いのちあるものとの共生を実感し、その思いを記します。

「初めのうちは虫が怖くて近寄らなかったが、……畑に行くのが楽しみになった」

「ああ、キュウリも生きているんだと実感した」

「土を汚いと思わなくなり、ミミズや虫がいても平気になった」

「雑草は無駄に生えてきて、役に立たないものだと思っていたが、大活躍してくれた。雑草を見直した」

「自然界には、不必要というものは存在しない」

「私たちが生きているのは土や生物、植物すべてのお陰です」

このように、いのちあるものとの共生を実体験した学生は、自分と自然とのつながりを確認し、自分が生かされていることや自分の存在意義を再認識し、社会にも目を向けるようになっていきます。この授業を通じて自分のなかで起きた変化について、レポートから紹介しましょう。

「環境のこと、さらに人との接し方を考えるようになった」

「野菜や果物から生産者について考えるようになった」

「些細なことでも環境保護ができるんだなと思った」

「農薬を使う以外にも作物を守る方法があると初めて知った」

「自分のつかみたいことのために生じる責任を軽くすることを考えるのではなく、(それに)きちんと向き合えるような人間になりたい」

◆必修科目であることをどう活かすか

本学の園芸教育は必修科目ですから、園芸や農業に関心のない学生も実習を経験します。したがって、ミミズ、土、虫、農業などに対して特別の理由もなく拒否反応を示す「食わず嫌い」の学生たちの意識変革を促すチャンスが与えられるわけです。しかし、その一方で、授業の進め方と学生への対応方法を間違えると、他の講義の合間の癒しやリラックスの時間となり、教育プログラムとして十分な成果が得られません。しかも、そうした学生がいるとクラス全体の意欲をそぎ、マイナス効果となる可能性もあります。

食わず嫌いの学生が実習を通じて、どう変わっていくのか、何を獲得していくのか。それは、教育プログラムの内容と提供する側の意識や情熱によって大きく影響されます。たとえば、「専門教育ではないから、まあ適当に」という雰囲気が教職員側から漂ってくると、敏感な学生はそれを察知して、自分の作物を育てることに真剣に向き合わず、手抜きするのではないでしょうか。

現代の若者には、人間以外の生き物や土に対する嫌悪感や、お金さえ出せば食べものはいつでも手に入るという意識が共通して見られます。生活園芸Ⅰの授業にそれを変える力が備わっていることは、学生のレポートなどに見られる反応から間違いありません。ただし、その教育効果を最大限に発揮できるか、それとも単なる癒しの時間で終わってしまうかは、教職員側が何を獲得目標として実習を進めていくかによって、大きく異なります。学生の関心を有機園芸(農業)という切り口から、食糧、人口、環境、ごみなどの社会問題、さらにそれらと自分との関係性まで広げていけるかどうかには、プログラムを提供する教員やそれをサポートするスタッフの力が問われているのです。

5　有機農業教育の課題

私は、15ページで紹介した陣内氏の「農村は自然があるだけで教育価値をもちうるわけではない」という表現を借りて、「有機農業教育は、有機農法を実践するだけで教育価値をもちうるわけではない。それにかかわる人びとの有機農業に対する意識と理解が教育環境をつくり、その価値を生み出す」と考えています。

有機農業が教育力を発揮するためには、まず、有機農業に対する正当な理解者(インタープリター)が求められます。そして、有機農業を単に化学肥料や化学合成農薬を使用しない農業としてだけではなく、農業をめぐるトータルシステム(生産—流通—消費)の構造改革と、経済主体(生産者、消費者、関連産業など)の意識改革をめざす農業として、捉えなければなりません。農業のもつ豊かさ、有機農業だからこそ見えてくる豊かさを理解し、そこに見出される農業の教育力を掘り起こし、教育プログラムとして伝えていくことができる人材が必要とされているわけです。

しかし、有機農業の振興策を伴わないまま、表示規制という形式でのみ有機JAS制度が取り入れられてきた日本では、依然として有機農業の本質を正当に理解している人は多くありません。農業の教育力を活かしていくためには、有機農業の本質を理解した人材の育成が急務です。

また、有機農業教育をこれから発展・普及させていくためには、以下のような課題があると思われます。

①有機農業の豊かさを正しく評価・理解していく。

②有機農業の教育力を十分に広げていく。

③持続可能な社会の構築のために、有機農業的な考え方が必要であることを訴え、学校教育や社会教育においてその普及を図る。

④農学分野における研究、技術開発の考え方や方法論を転換する。

⑤有機農業の生産現場の豊かさや基本技術を科学的に解明する。

有機農業は教育プログラムとして、高等教育機関や社会教育機関において大きな可能性を秘めており、それは共生社会を構築するための教育として非常に有効です。また、有機農業的な視点は近年とくに重要となっている子育て支援や社会的弱者の支援を進めていくうえでも、非常に有効であると考えられます。とはいえ、この考えが広く受け入れられるようになるためには、有機農業の生産現場の豊かさや基本技術を科学的に解明する、農学分野における方法論の転換が不可欠です。有機農業はいま、環境を創造する農業生産体系としてのみならず、教育プログラムとしても、持続可能な社会を構築する鍵を握っているといえます。

第2章　教育農場の生活園芸

実際に野菜や花を育てるには、ふさわしい格好や必要な道具があります。可愛いイラストで、私たちの年間教育スケジュール、四季や生き物たちの様子とあわせて、紹介していきましょう。また、学生たちが工夫したメニューや、1年間の授業をとおして何を感じたのか、彼女たちの生の声もお伝えします。

収穫物の

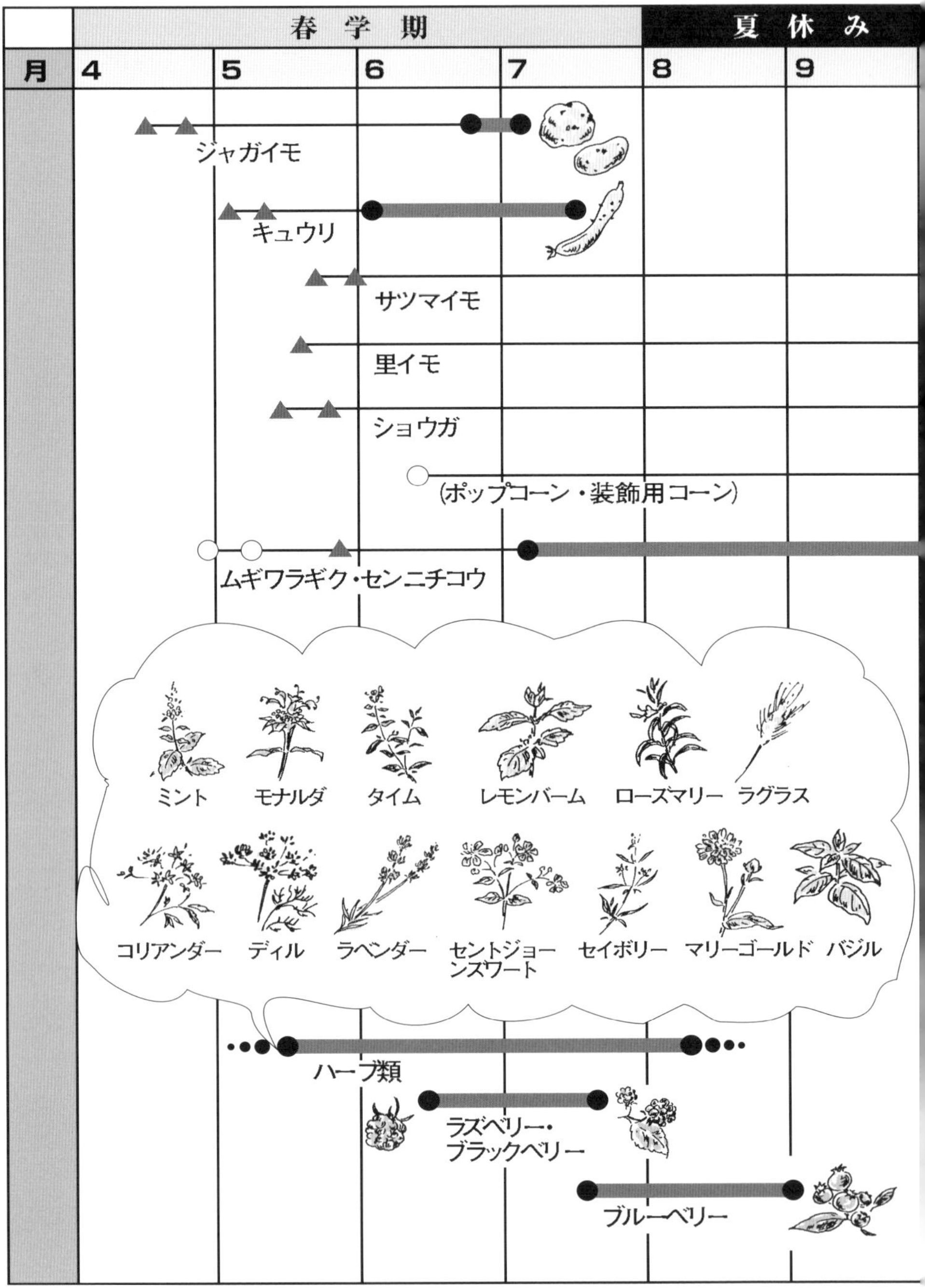

(注) この栽培カレンダーは、大学の授業の日程に合わせて組んでいます。したがって、必ずしも作物にとっての最適時期に植え付けや収穫ができるわけではありません。たとえば、ジャガイモの植え付け時期は少し遅く、栽培期間は短くなっています。

年間カレンダー

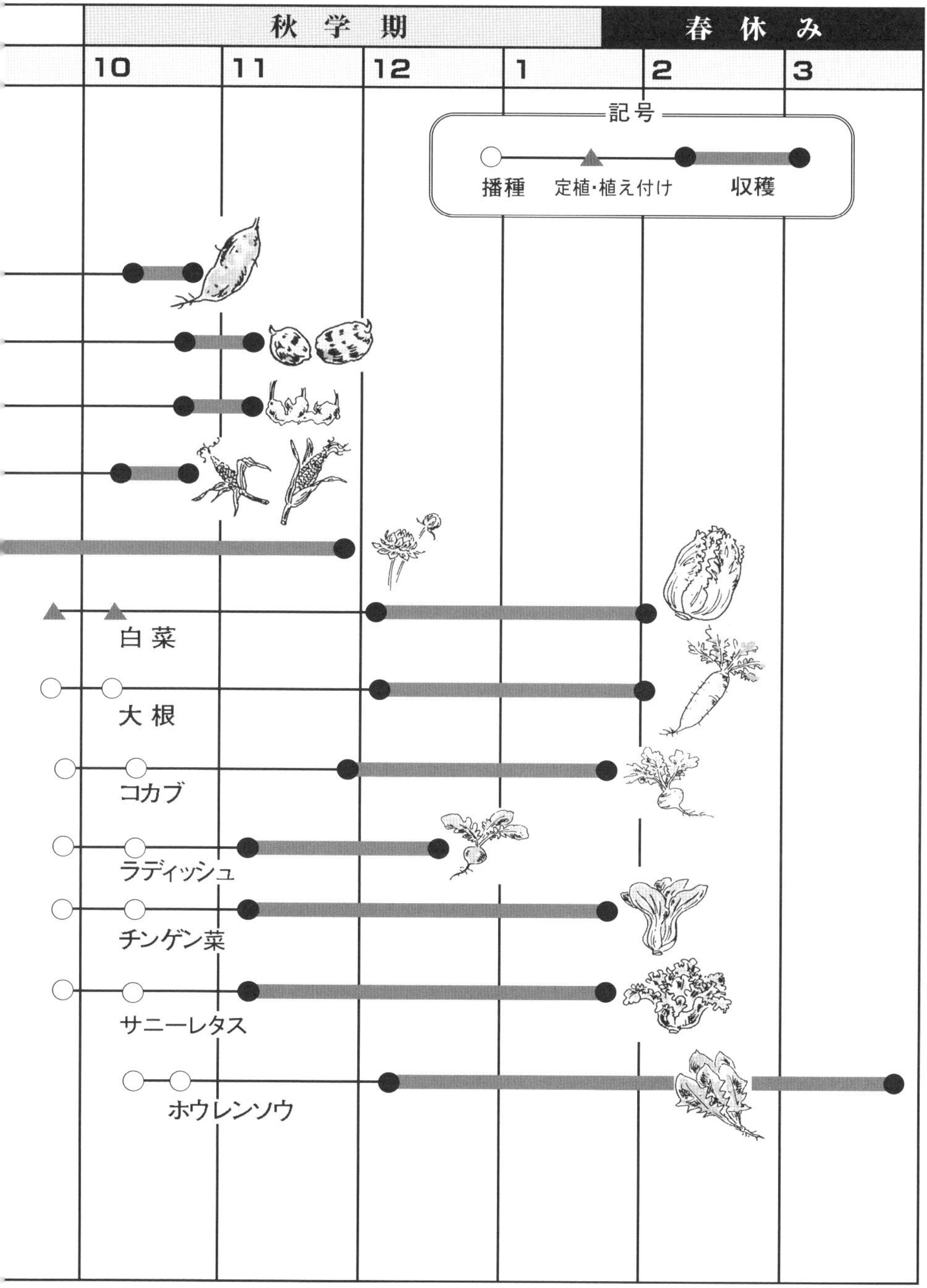
秋学期
春休み
10
11
12
1
2
3
記号
播種
定植・植え付け
収穫
白菜
大根
コカブ
ラディッシュ
チンゲン菜
サニーレタス
ホウレンソウ

作業時の服装基本スタイル

麦わら帽子（貸し出し）
日射病や熱射病予防に。紫外線対策としても有効

めがね
（コンタクトはＮＧ！）
コンタクトレンズは、土ぼこりで目が痛くなったり、落としたりする

長い髪はまとめよう
下を向く作業が多いので、髪をまとめると作業がはかどる

タオル
汗や汚れを拭くために首に巻いておくと便利

作業用手袋（軍手など）
手荒れ、爪の間の汚れ、ケガを防ぐ

長そでの上着
日焼けや虫などから身を守るには長そでがいい。動きやすい素材で、汚れてもかまわないもの

ポシェット
貴重品や筆記用具などを入れる

長ズボン
伸縮性のある、動きやすいもの。スカートは作業に不向き

くつ下
長ぐつ（貸し出し）
汚れてもかまわないくつ下。浅いくつは土が入りやすいので、長ぐつで

作物栽培に必要な農具

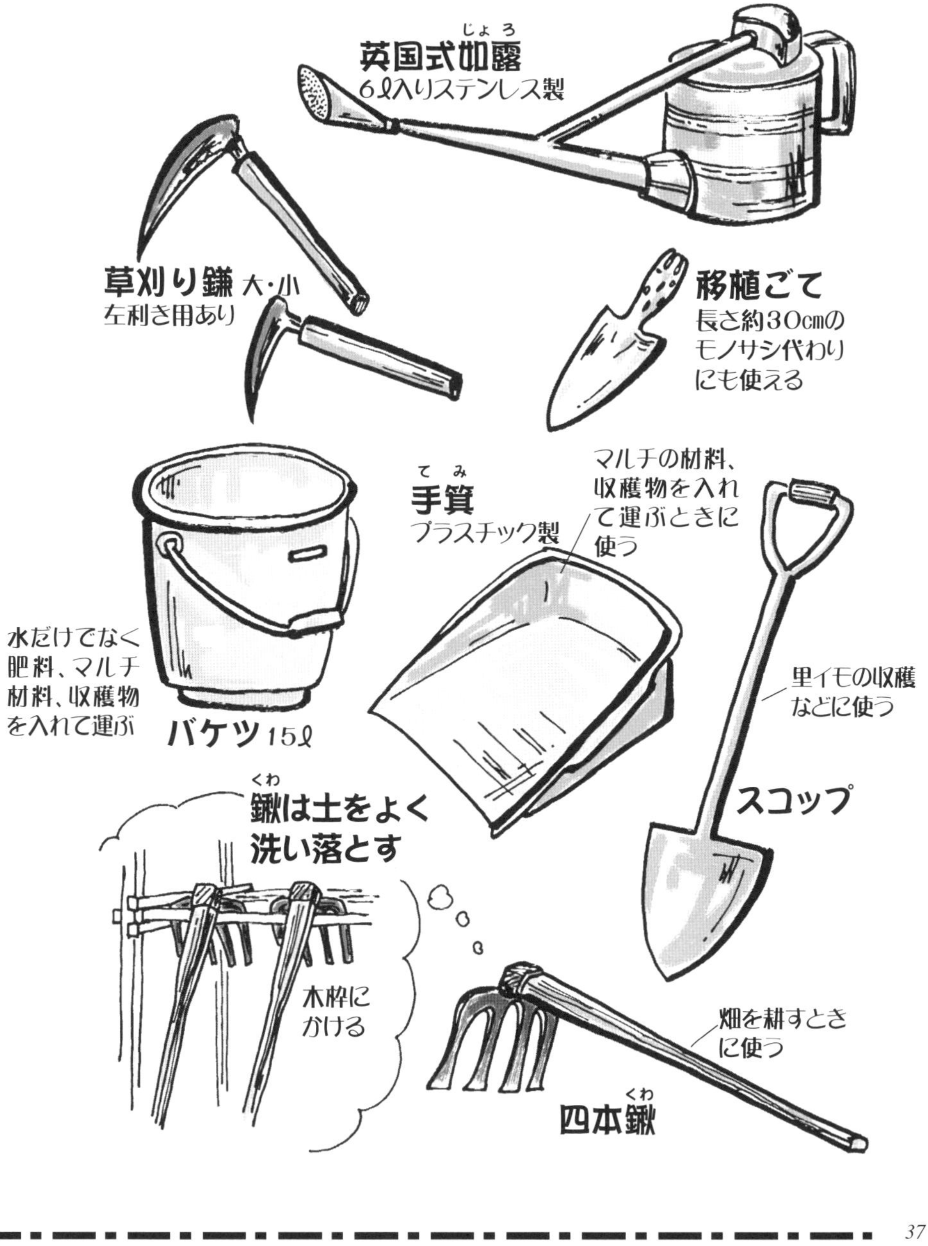

英国式如露《じょろ》
6ℓ入りステンレス製
草刈り鎌 大・小
左利き用あり
移植ごて
長さ約30㎝の
モノサシ代わり
にも使える
手箕《てみ》
プラスチック製
マルチの材料、
収穫物を入れ
て運ぶときに
使う
水だけでなく
肥料、マルチ
材料、収穫物
を入れて運ぶ
バケツ 15ℓ
里イモの収穫
などに使う
スコップ
鍬《くわ》は土をよく
洗い落とす
木枠に
かける
畑を耕すとき
に使う
四本鍬《くわ》

作物栽培に必要な道具

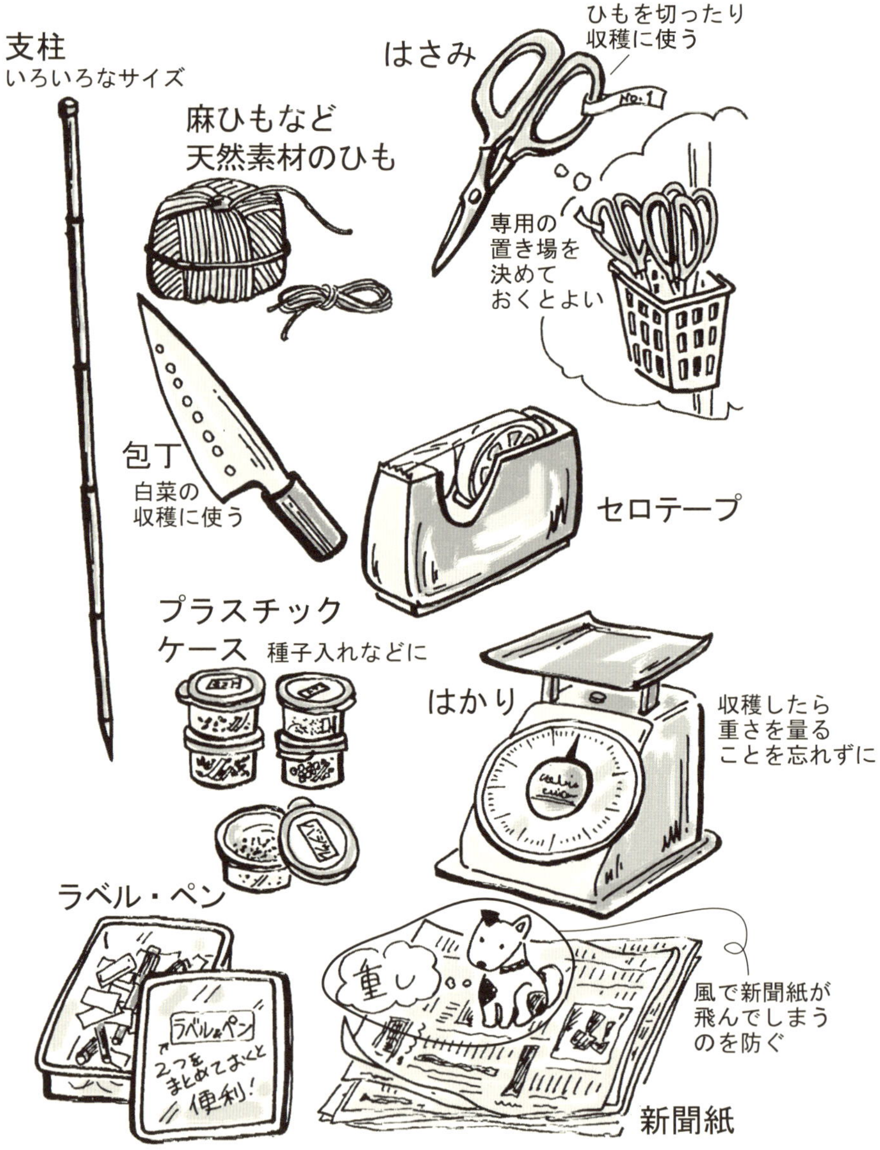
支柱
いろいろなサイズ
麻ひもなど
天然素材のひも
はさみ
ひもを切ったり
収穫に使う
No.1
専用の
置き場を
決めて
おくとよい
包丁
白菜の
収穫に使う
セロテープ
プラスチック
ケース　種子入れなどに
はかり
収穫したら
重さを量る
ことを忘れずに
ラベル・ペン
ラベル&ペン
2つを
まとめておくと
便利!
重し
風で新聞紙が
飛んでしまう
のを防ぐ
新聞紙

作物栽培に必要な農具と肥料

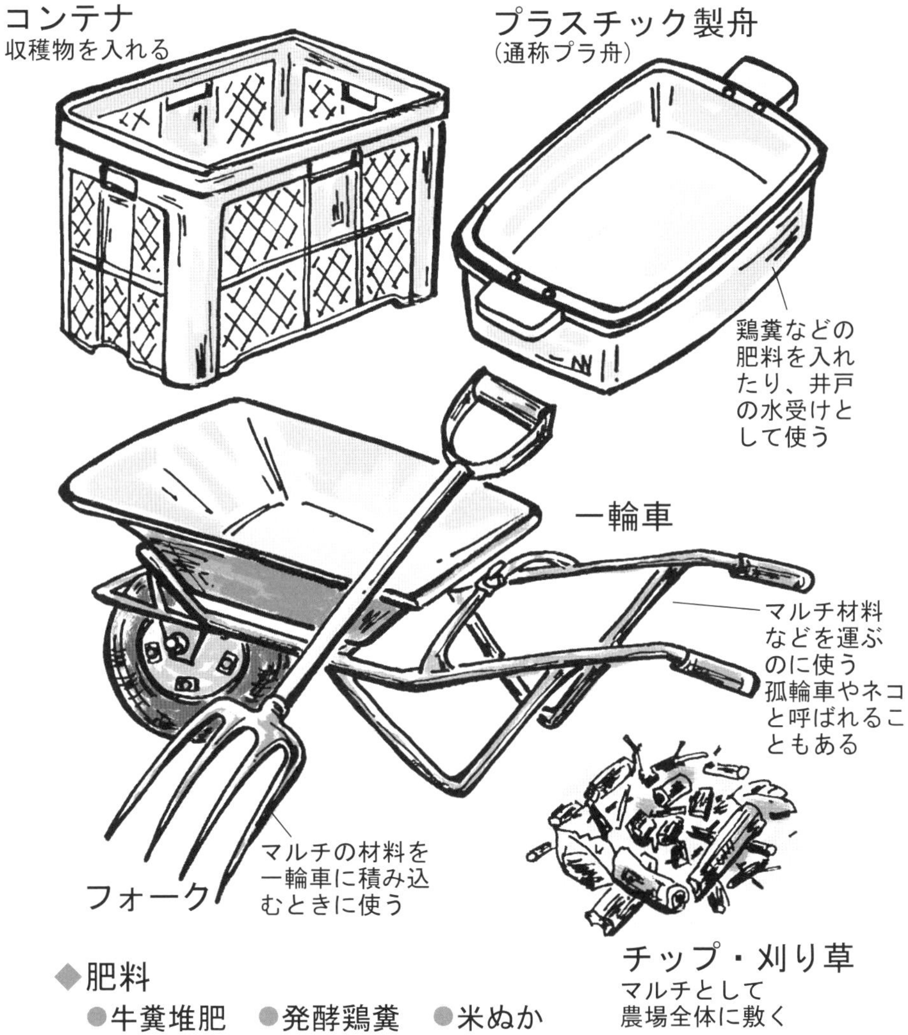

コンテナ
収穫物を入れる
プラスチック製舟
(通称プラ舟)
鶏糞などの肥料を入れたり、井戸の水受けとして使う
一輪車
マルチ材料などを運ぶのに使う
孤輪車やネコと呼ばれることもある
フォーク
マルチの材料を一輪車に積み込むときに使う
チップ・刈り草
マルチとして農場全体に敷く

◆肥料

●牛糞堆肥　●発酵鶏糞　●米ぬか

●草木灰　●焼成有機石灰

教育農場の四季

春

新しい1年生を迎えるころの雑木林は本当に美しい。冬の間、葉を落としていた木々がいっせいに芽吹き、林は日に日にその表情を変えていく。わずか半月で、パステルカラーの繊細な色調から、どっしりとした色合いへと変化する。教育農場へと続く農道にはスミレやモミジイチゴの花、周辺の畑には菜の花が咲き乱れ、遠くでキジの鳴き声が聞こえる。

さまざまな生き物が動き出すこの季節、学生は園芸実習に対する不安や期待を胸に、最初の授業を迎える。教育農場が1年でもっとも華やぐ季節。白菜、大根、コカブ、ラディッシュなどさまざまな菜の花と、緑肥・観賞兼用の麦や、時期をずらして植えたチューリップが咲いている。五感を最大限にはたらかせて、春の香り、彩り、匂い、風、色を大いに感じてほしい。いや、原体験に乏しい学生たちをそう導くことが、教員の最初の任務かもしれない。

教育農場の四季

夏

畑での作業にもだいぶ慣れ、キュウリがたくさん収穫できるころになると、雑草と暑さとの闘いが始まる。つぎからつぎへと伸びる雑草を刈り取り、刈り草や剪定枝チップでマルチを行う。マルチは学生がもっとも嫌う作業だ。しかし、しっかりやったかどうかで、後に差が顕著に表れてくる作業のひとつでもある。

この時期、額からは汗が噴き出し、流れ落ちてくる。ジャガイモを収穫し、畑にたっぷりとマルチを敷き込む。麦茶を片手にジャガイモを試食し、七夕の短冊を書き終えると、もうすぐ夏休み。農場のまわりに植えられているブルーベリーの果実が色づき、ムギワラギクの花が咲き始める。

教育農場の四季

秋

秋学期が始まって最初の数週間は、授業があわただしい。夏の間に生い茂った草を刈り、畑を耕し、種子を播き、苗を植え付ける。サツマイモを収穫した畑には、その日のうちにホウレンソウの種子を播かなければならない。寒さに向かうこの季節、播く時期が１週間遅れると収穫は１カ月遅れると言われるほど、作物は敏感だ。

そんな忙しさが一段落するころには、焼きイモがおいしい季節になっている。いまではほとんどお目にかかれなくなってしまった、焚き火で焼いた焼きイモ。作業を終え、焚き火を囲んでみんなでいっしょに食べた味は、忘れられないだろう。

教育農場の四季

冬

凛《りん》とした空気の冷たさが肌を刺す。そんな寒さのなかでも、作物は緩やかながら生長を続けている。雪の下でも青々としているホウレンソウを見て、学生はその生命力に感動する。朝早いクラスの学生は、ホウレンソウの葉の上できらきら光る霜に出会うこともある。

１年の恵みに感謝しながら御礼肥《おれいごえ》を施し、畑で採ったばかりの野菜たっぷりのお味噌汁を飲んで、授業は終了する。上水道設備のない畑にカセットコンロや水タンクを持ち込んでの、キャンプさながらの収穫祭だ。暖かい味噌汁に加えて、白菜や大根もその場で切って、生のまま試食する。学生たちは恐る恐る口に運ぶ。次の瞬間、「大根、辛くない」「甘〜い」「梨みたい」「白菜って生で食べられるんですね」「わー、ホントにおいしい」「白菜ってこんなに甘かったの」と歓声が上がる。学生たちは、こうして野菜本来の味にふれ、自然に感謝する気持ちを胸に、農場を後にする。

農場で見られる生き物たち

春～夏
モンシロチョウ
モンキチョウ
ムクドリ
黄色
ウグイス
ホーホケキョ
ホトトギス
キジ
ケーン
コジュケイ
ひなを連れていることもある
アゲハ
ヘビ
人の姿を見ると逃げるのでだいじょうぶョ
カ
アブ
ハチ
ブユ
ハエ
刺されないよう長ソデを着よう！
腐葉土づくりに大活躍！
ヤスデ
ワラジムシ
セミ いろいろ
カマキリ
カエル いろいろ
害虫を食べる天敵代表格
クモ
ツバメ
ナナホシテントウムシ
カブトムシ
バッタ
クワガタ
ガ いろいろ
ヨトウガ
ヨトウムシ
害虫の代表格
天敵は鳥やカエルなど

〔このほか、自分で見つけたものを書きとめてみよう〕

農場で見られる(雑)草たち

7~8mmの藍色の花
・オオイヌノフグリ
【ゴマノハグサ科】
実が犬の「フグリ」に似ているので、この名前。押し花にしてもかわいい。
（日本在来種のイヌノフグリは花が小さく淡紅紫色。）
花期 2~7月
白い花
実
・ナズナ
【アブラナ科】
春の七草のひとつ。冬越しの葉を摘んで七草粥に入れると味がよい。
別名 ペンペン草。
花期3~6月
・カラスノエンドウ
【マメ科】
1cm弱
赤紫の蝶型の花。葉の先の巻きひげで、他の植物にからみつく。
花期3~6月
5mmほどの白花
・ハコベ
【ナデシコ科】
ヒヨコが好んで食べるので別名ヒヨコグサ。ウサギや鳥のエサにもなる。春の七草のひとつ。
花期 2~11月
5mmぐらい
・ハキダメギク
【キク科】
白い舌状花5個と黄色の筒状花多数。牧野富太郎博士が世田谷区経堂の「掃きだめ」で見つけて命名。チッソ分豊富な畑に多い。
花期6~11月
1.5cmぐらいの紅紫の花
・ホトケノザ
【シソ科】
葉が仏様の座る蓮華座に似るので、この名前。つぼみのまま受粉結実する「閉鎖花」もある。確実に子孫を残すワザ。
花期 2~6月
・ヒメオドリコソウ
【シソ科】
花は ホトケノザに、葉はシソに似る。
花期4~5月
・ヨモギ
【キク科】
春の新芽は食用に。別名 モチグサ(餅草)。ブタクサによく似ているが、葉をよくもんでよい香りがすれば、ヨモギ。
花期9~10月
（地味な小さな花）

（特徴をつかんで上手に付き合いたい草たち。
他にどんなものがあるか、見つけてみよう。）

アサガオより小さい
濃いピンク

•ヒルガオ
【ヒルガオ科】
つる性。農場のフェンスによくからんでいる。白い地下茎で増える。
花期 6～8月

緑の花弁に
橙色の
花盤

黒い実

•ヤブガラシ
【ブドウ科】
茎の変形した巻きひげで近くのものにからみ、時に10mにもなるつるを支える。「藪をらすほどの繁茂力」という意味の名前。花期 6～8月

3～5cm

•メマツヨイグサ
【アカバナ科】
黄色い花が夕方から咲く。"メ"は"雌"で「小さい」の意。幼苗はムギワラギクと区別しにくい。
花期 6～9月

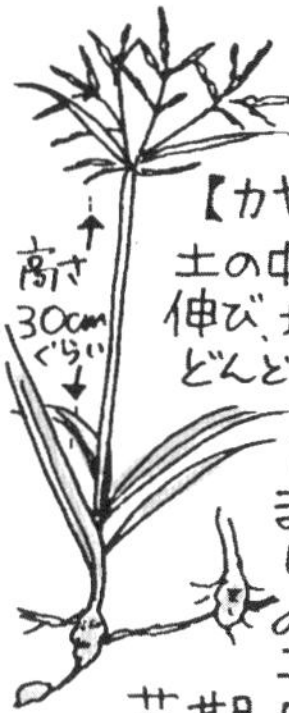

高さ30cmぐらい

•ハマスゲ
【カヤツリグサ科】
土の中の地下茎が伸び、塊茎をつくりどんどん増える。
白い地下茎までていねいに取り除くのが除草のコツ。
花期 7～10月

赤紫の花穂
1～5cm

•イヌタデ
【タデ科】
別名アカマンマ。赤い花穂を赤飯に見たてて、おままごとをした人もいるだろう。秋、農場の土手はこの花で覆われる。
花期 6～11月

•ホソアオゲイトウ
【ヒユ科】
緑の花穂
(30～60cmぐらい)
この草は、小さいうちに取らないと夏休みの間に高さ2m、茎の太さ6cmにもなる。
大きいものを除草するときは、四本鍬で根っこを掘りおこす。
花期 8～10月

•アカザ
【アカザ科】
若葉は紅紫色。高さ1.5mにもなり、茎は太く、丈夫で軽い杖として使われる。ホウレンソウは同じ科。共に石灰質を好む。
花期 8～10月

高さ40～70cm

•メヒシバ
【イネ科】
茎の下部が地面を這い、節ごとに根が出て大株になる。除草したメヒシバはマルチにするが直後に雨が降ると根付いてしまう。
花期 8～10月

白い花

5～6cm

•カラスウリ
【ウリ科】
夏にレース状の白い花を咲かせ、秋には橙色の実が熟す。中の種は結び文の形。つる性。
花期 8～9月

収穫・貯蔵・利用

野菜は食用に用いられる部分によって、３つに分類されています。果実を利用する果菜類、地下部の根や茎を利用する根菜《こんさい》類、地上部の葉・茎、花・蕾《つぼみ》を利用する葉茎菜《ようけいさい》類（葉菜《ようさい》類ともいう）です。収穫・貯蔵・利用方法は、食用に用いられる部分によって異なります。

収穫方法

1）果菜類――収穫時に苗を痛めないように、露があるときの収穫を控えたり、葉や茎にペタペタ触らないように気をつけましょう。

◆キュウリ

はさみで切るか、ねじって引っ張る。苗を痛めないように注意。最初のうちは長さ 15～20 cm が目安、大量に収穫できるようになったら大きめを。

◆ポップコーン

逆さにして折り、皮をむき、乾燥させる。乾燥が不十分だと、火にかけたとき、うまくはぜない（はじけない）。

2）根菜類――土を掘って収穫するものと、引き抜くものがあります。イモ類とショウガは茎を 20 cm ほど残し、地上部を鎌で切ってから収穫します。道具を使うときは、イモに傷をつけないように気をつけましょう。また、掘り残しがないように。

◆ジャガイモ・ショウガ

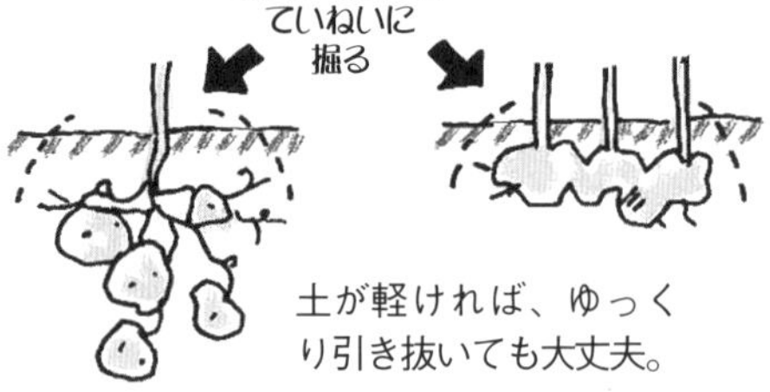

土が軽ければ、ゆっくり引き抜いても大丈夫。

◆サツマイモ

ツルをたぐりながら、ていねいに掘る。

◆里イモ

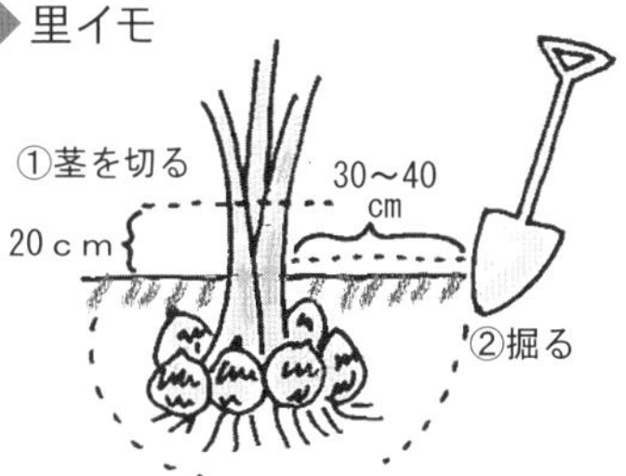

茎のまわり半径30〜40cmにスコップを入れ、まわりからていねいに掘り上げ、イモを一つ一つバラバラにして、根を取り除く。茎から出る液は、肌に付くとかゆくなり、衣服につくとシミになるので、必ず手袋をして作業する。

◆ラディッシュ・コカブ・大根

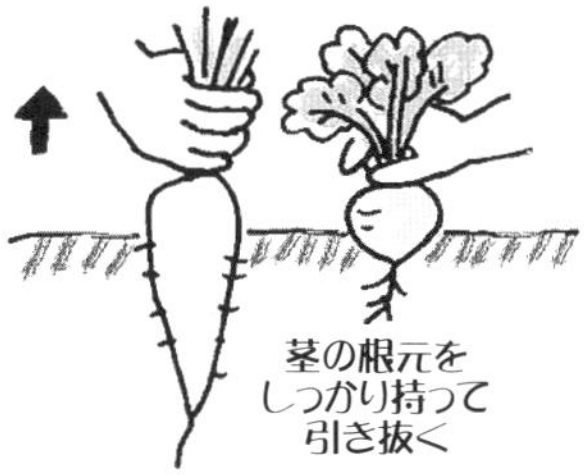

地上部に出ている根の一部を見て大きさを判断する。ラディッシュとコカブは大きいもの、混み合っているところから順に、大根は直径7〜8 cmが目安。

3)葉菜類——種類がたくさんあります。ハサミや包丁で一度に切る、一枚一枚摘むなど、種類や用途によって違ってきます

◆白菜

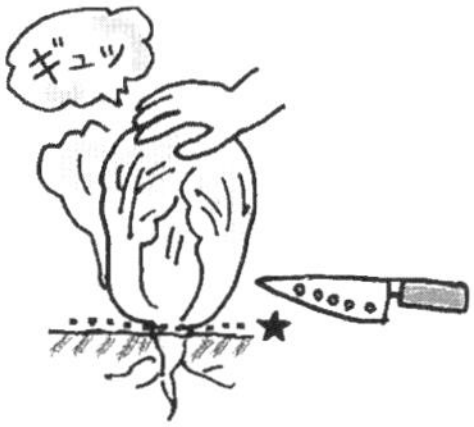

上から手でギュッと押してみて、しっかり固くなっているものから、包丁を地際に入れて、切り取る。痛んだ葉は畑に戻すこと。包丁に泥が付いたら、白菜の外葉で拭いて使おう。

◆サニーレタス

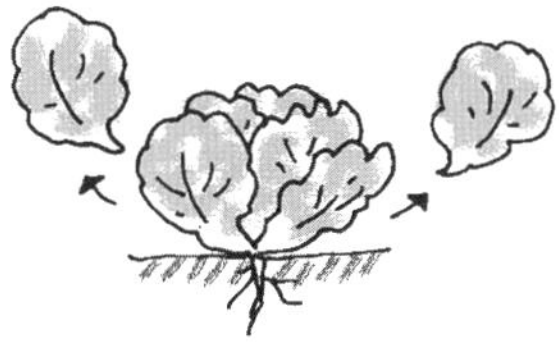

株ごと全部収穫する方法もあるが、必要な分だけ株の外側の大きい葉から一枚ずつ摘んで収穫すると、長く楽しめる。ただし、真ん中の小さい葉は、新しい芽を出すために必要な養分を生産できるように、数枚必ず残しておく。

◆チンゲン菜・ホウレンソウ

密集している場合は混んでいるところを間引きながら収穫する。葉がバラバラにならないように、はさみを根の部分に入れること。土をつけないように収穫すると、家に帰ってから手間がかからず、省力・省エネ・省資源となる。子葉など黄色くなった下葉は取り除いて畑に置き、土に還すことも忘れずに。

収穫・貯蔵・利用

貯蔵方法

1)根菜類――冷蔵庫が苦手なものがあるので、注意しましょう。イモ類・ショウガは半日から１日太陽に当てて、表面を乾かします。冷蔵庫には入れず、冬は段ボールや発泡スチロール製の箱に入れてください。

◆ジャガイモ

ジャガイモは
日光が苦手

日光が長時間当たると緑色になり、有害物質のソラニンが生成される。5℃以下にならない範囲で、温度が低いところ。

◆サツマイモ

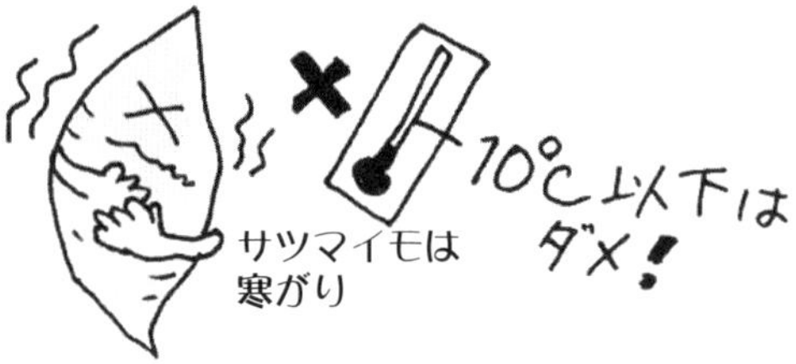
サツマイモは
寒がり
10℃以下は
ダメ！

低温に長時間あたると腐りやすくなるため、10℃以下にならないところ。

◆里イモ
低温に長時間あたると内部が黒っぽく変色したり、かたくなってしまうため、5℃以上のところ。

◆大根
葉は早めに取り除き、新聞紙に包んで、気温の低いところに置く。切り取った葉は、おひたし、漬物、ふりかけなど無駄にせずに、おいしく利用しよう。

2)葉菜類――日持ちが悪いものは、立てて貯蔵しましょう。野菜は収穫後も生きていて、呼吸をしています。立てることで、呼吸にともなって葉の表面から放出される熱が逃げ、長持ちするのです。

◆チンゲン菜・ホウレンソウ

熱を
逃がす

葉物は立てて保存

新聞紙などに包んで立て、冷蔵庫など温度の低いところに置く。

◆サニーレタス
一枚一枚バラバラにし(株ごと収穫した場合は根元を包丁で切って、バラバラにする)、水洗いして水を切った後、ふた付きの容器(密封容器あるいはジッパー付の袋)に入れ、冷蔵庫で貯蔵。使いたいときに必要な分だけ出せば、簡単に食べられる。

◆白菜
新聞紙できっちり包み、冷暗所(家の中でもっとも気温が低いところ)に置けば、冬なら２カ月程度は貯蔵可能。プラスチックの袋は呼吸熱がこもってしまうので、適さない。食べる前に外側の傷んでいる葉を取り除けば、中は新鮮。

加工・料理方法

◆ジャガイモ

単純に茹《ゆ》でるか、蒸《ふか》すのが、イモの味が一番わかる。新ジャガイモは皮が薄いので、皮まで食べられる。皮が気になる人は、タワシでゴシゴシ洗えば、簡単に皮がむける。
また、茹で上がってから、タイムかローズマリーの枝をジャガイモに一枝乗せ、しばらくフタを閉めておくと、ほどよくハーブの香りがつく。
畑の隅に、タイムかローズマリーを植えてみよう。両方とも丈夫で、冬の寒さも大丈夫。これらを乾燥させて塩と混ぜれば、自家製ハーブソルトのできあがり。ジャガイモにつければ、格別な味だ。

◆サツマイモ

収穫後、最低１週間は置き、イモの中のデンプンが糖に変わるのを待ってから、焼きイモに。濡らした新聞紙で洗ったイモを包んでからアルミホイルに包み、焚き火の中に入れると、しっとりとした焼き上がりになる。アルミホイルでしっかり包んでいないと、炭になってしまう。早めに焚き火を始め、オキ（薪がよく燃えて、炭のようになった状態）をつくり、その中にイモを入れよう。
90分の授業内で食べるためには、太さをそろえ、直径5cm程度のものを用いるとよい。アルミホイルの上から指で押さえてみて、フニャとなったら食べごろ。まだなら、もう一度火の中へ。

◆ポップコーン

よく乾かしてから、バラバラにはずして使う。乾燥が不十分だと、うまくはぜない（乾燥後、ビンなどに入れておくと便利。リボンをつけて、乾燥させながら飾っても素敵）。
火にかけたフライパンにポップコーンを入れ、フタをして、フタを押さえながらゆする。5分ぐらい経つと、ポーン、ポーンと音を立てて、はぜ始める。音がしなくなったら火を止め、好みで塩やバターをふって、熱いうちに食べよう。フタを忘れると、部屋中にポップコーンが散らばってしまう。

食べものだけでなく装飾品も

教育農場では、食べものだけでなく装飾品も、材料の花などを種子から育ててつくります。いまではいろいろな場所で行われているムギワラギクのドライフラワー。このつくり方を日本で最初に開発したのは、恵泉女学園短期大学の園芸生活学科（05 年４月に大学と統合）だったようです。

1)ムギワラギクとセンニチコウの収穫

夏休みに入るころから霜が降りるまでの間、収穫してドライフラワーにできる。ムギワラギクは秋以降、気温が下がると色がより鮮やかになる。ムギワラギクは固いつぼみか、一番外側の花びらが開きかけた状態のものを、センニチコウは花の厚さが 1 cm 程度のものを、それぞれ茎を 5 mm 程度残して切る。その際、親指と人差し指の爪ではさむか、ハサミを使う。完全に開いたり、大きくなってからでは、遅すぎる。

〈収穫の仕方〉

5mm

〈収穫の時期〉

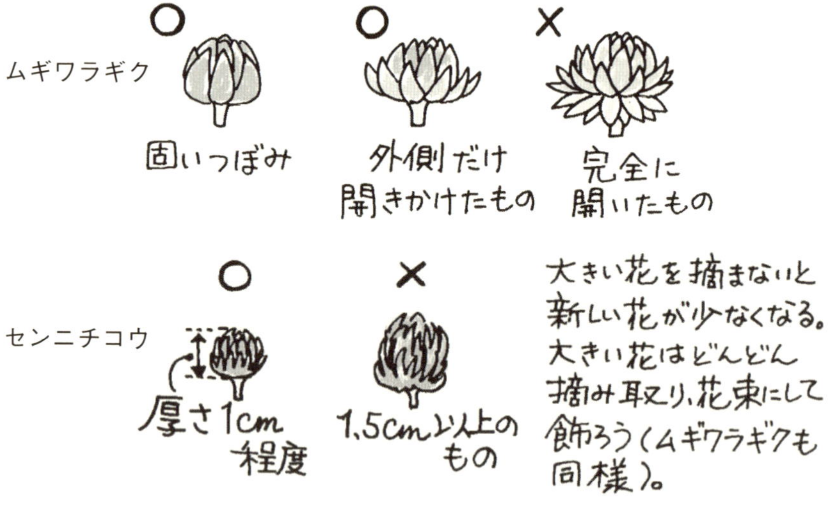
ムギワラギク
○
固いつぼみ
○
外側だけ
開きかけたもの
×
完全に
開いたもの
センニチコウ
○
厚さ1cm
程度
×
1,5cm以上の
もの
大きい花を摘まないと
新しい花が少なくなる。
大きい花はどんどん
摘み取り、花束にして
飾ろう（ムギワラギクも
同様）。

2)ムギワラギクとセンニチコウのワイヤリング・保管方法

収穫した花は、ただちにワイヤリング(花にワイヤーを挿すこと)しておく。

〈材料〉

フラワーデザイン用ワイヤー(針金)、収穫直後のムギワラギク・センニチコウ。

〈つくり方〉

①ワイヤーを花に挿す。ムギワラギクには24番のワイヤーを、センニチコウには26番のワイヤーを半分の長さ(約15 cm)に切って使う。収穫した当日にワイヤーを挿さないと、乾いて固くなり、挿せなくなるので、注意しよう。

②ワイヤーは花の中心までしっかり挿すこと。挿し方が不十分だと、すぐ抜けてしまう。

③コップなどに立てて、風通しのよいところで少なくとも1週間以上乾かす。

④保管の際は、直射日光が当たると色があせるし、風通しが悪いとカビが生えるので、気をつけよう。

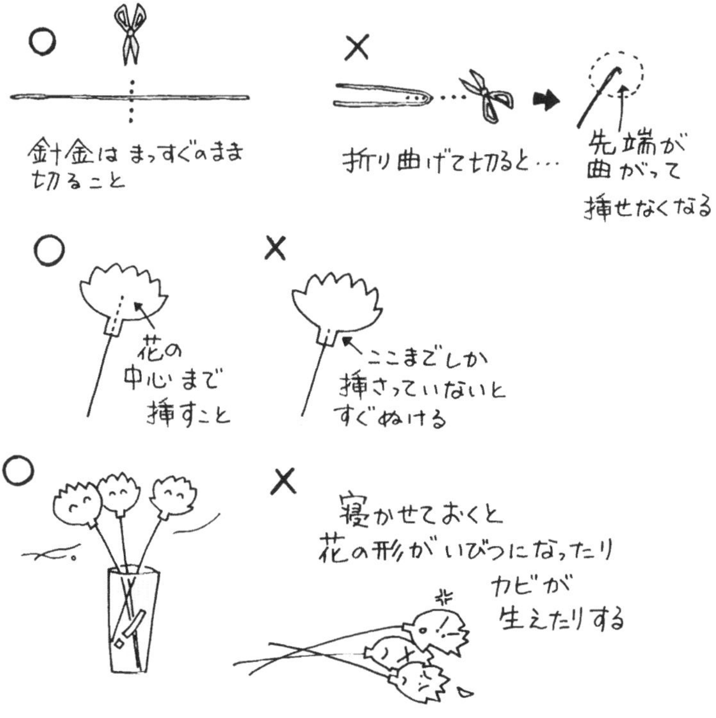

食べものだけでなく装飾品も

3)ムギワラギクのガーランドリース

ワイヤリングしたドライフラワーでガーランド(花綱)をつくり、丸くしてリースにする。

〈材料〉

ドライフラワー 10 輪程度、フラワーデザイン用ワイヤー 22 番 1 本、フローラテープ、リボン。

〈つくり方〉

①花から 1 cm のところで直角に折る。
②ワイヤーの端 5 cm のところにフローラテープを巻いて、①を 1 輪つける。
③②に花をつぎつぎに加えて、ガーランド(花綱)をつくる。花と花は密着させる。
④③を丸くして、ワイヤーのつなぎ目にリボンをつける。

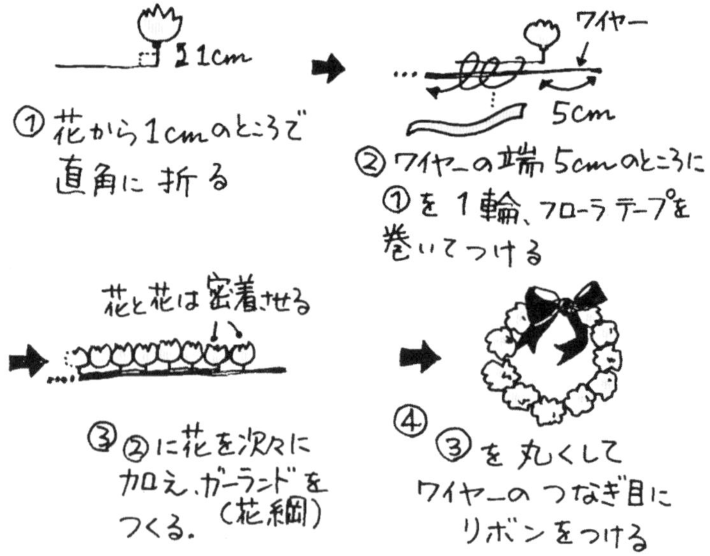

4)ムギワラギクとセンニチコウを使ったコサージュ

ワイヤリングしたドライフラワーに、リボンと他のドライフラワーを加えて、コサージュをつくる。ツルのリース土台につけて飾ってもよい。

〈材料〉

ラグラス３本、ムギワラギク８本、センニチコウ３本、フローラテープ、リボン。

〈つくり方〉

①針金をフローラテープで巻く。テープを引っ張りながら巻くとよい(フローラテープを巻いてある針金を用いると、省略できる)。

②材料をバランスよく束ねる。

③リボンをつける。

④ドライフラワーの針金を切りそろえる。

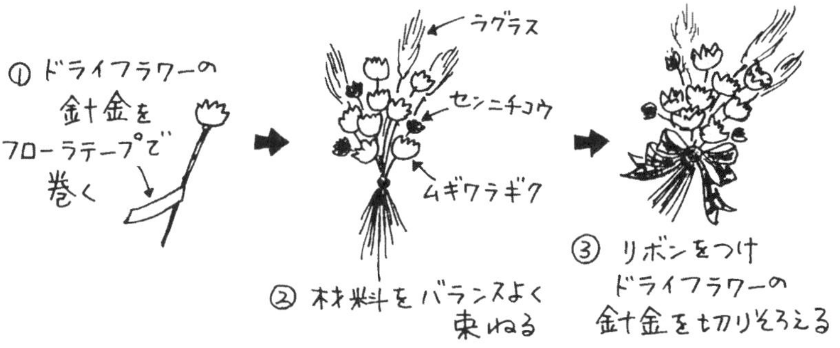

5)ポップコーンの壁飾り

後で食べられるし、来シーズン用の種子としても使える。

〈材料〉

ポップコーン(装飾用のトウモロコシでもできる)、麻ひも、リボン。

〈つくり方〉

①ポップコーンの皮を取ってしまわないように注意して、むく。

②皮の根元から2〜3㎝のところを麻ひもでしっかり結び、吊す部分をつける。

③正面にリボンを結んで、壁飾りにする。

いっしょに考えてみよう

◆イモはどこにできるでしょう？

ジャガイモ	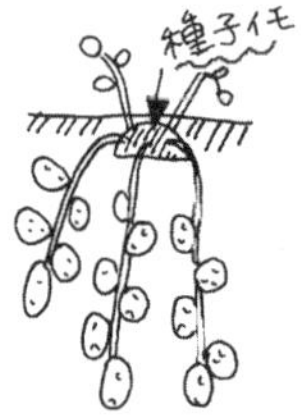 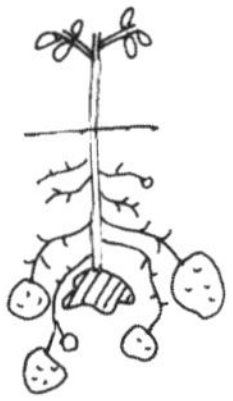
サツマイモ	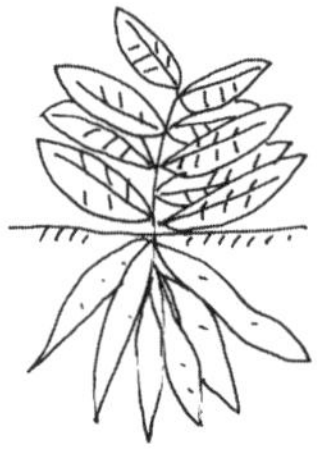 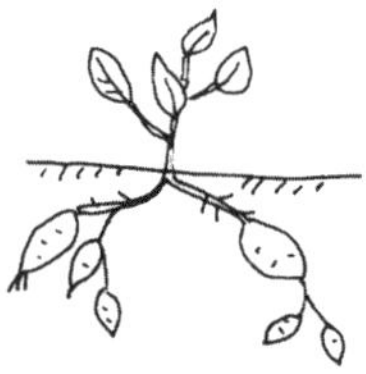 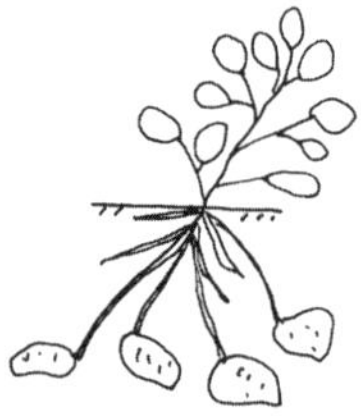
里イモ	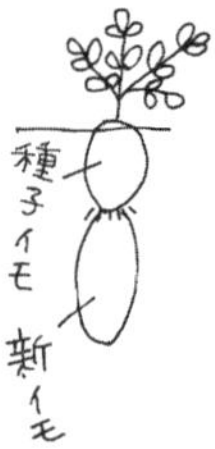  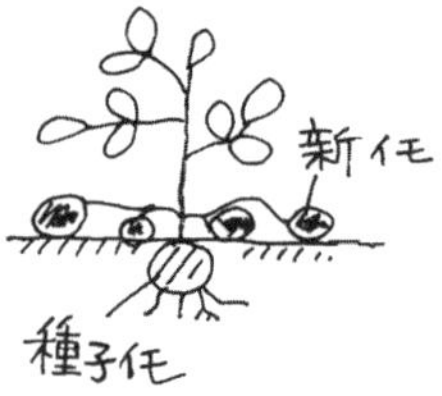

◆大根の種子はどこにできるでしょう？

大根	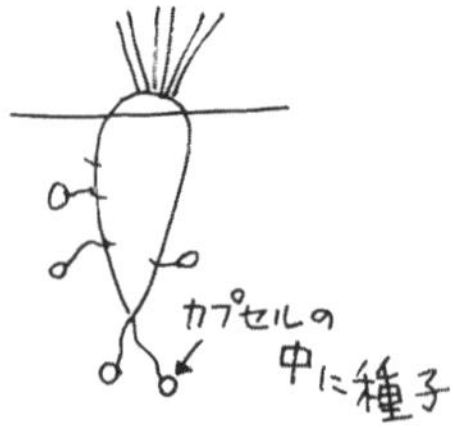 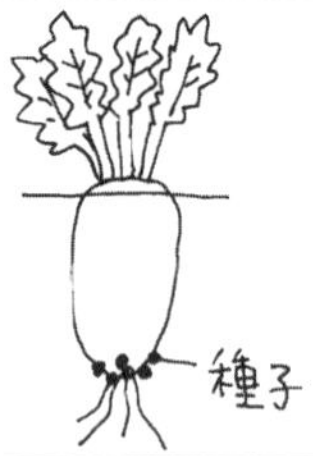

＊このイラストは、１年生が授業中に実際に描いた予想図です。
正解は、畑に行って、自分の目で確かめてみましょう。

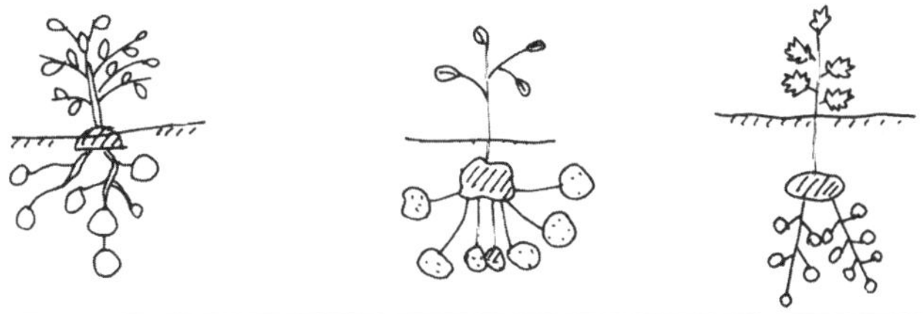

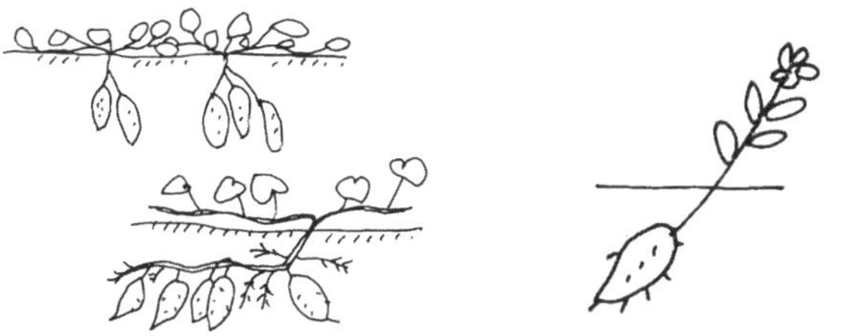

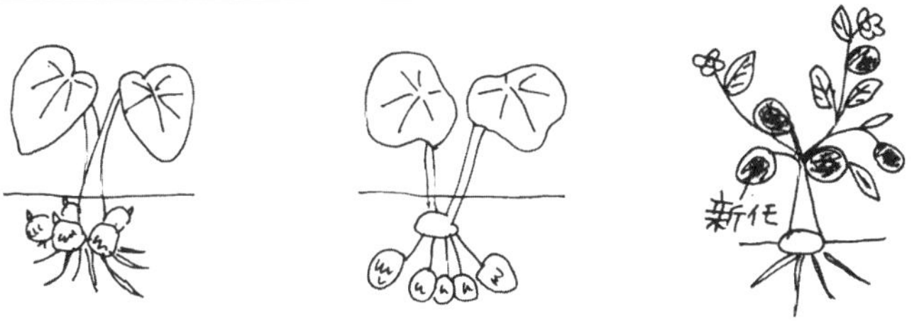
新イモ

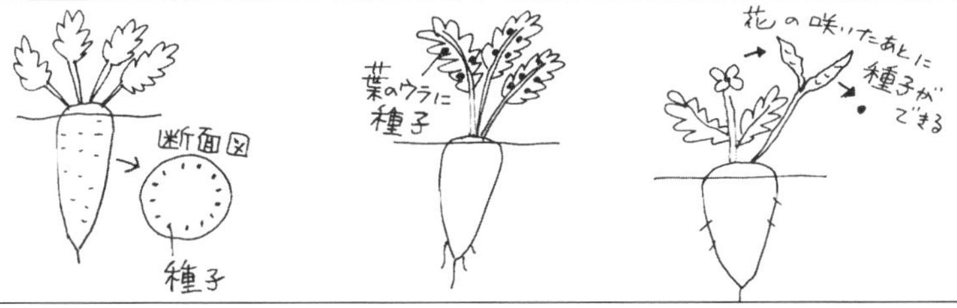
断面図
種子
葉のウラに種子
花の咲いたあとに種子ができる

野菜たっぷり おいしいレシピ

生活園芸Ⅱ（選択科目）の履修生による、収穫物を用いたオリジナルレシピです。

白菜とニラの力なべ

ちょっと
お疲れの時に
ぴったり☆

材料

白菜・ニラ・ネギ・モチ・シラタキ
がんもどき・その他好みで…

作り方

① 野菜とシラタキを食べやすい大きさに切り
なべに湯（またはダシ）を沸かしておく。
② 湯に野菜を入れ、しんなりしてきたら、
シラタキ、がんもどきを加えて煮る。
③ モチを入れ弱火で煮てできあがり！
※ポン酢、ごまダレなど好みのタレでどうぞ。

～2003年度：山田佳奈～

揚げ出しサトイモ

あんかけに
しても
おいしそう…

材料

サトイモ・片栗粉・大根
めんつゆ・ゆずの皮少々

作り方

①皮をむいたサトイモを、芯が少し残るぐらいに
ゆでる。
② ①に片栗粉をまぶし、油でカラッと揚げる。
③ ②をもりつけ、大根おろしをのせ、温めた
めんつゆをかける。ゆずをのせて、できあがり☺

～2003年度：泉奈津子～

ホウレンソウのクレープ

チキンソテーなどと合わせてランチに♥

■材料■

ゆでたホウレンソウ 30g
卵1コ・牛乳130cc
バター30g・薄力粉100g
サラダ油適宜

■作り方■

① ホウレンソウをミキサーにかける。
② ボールに卵と牛乳1/3を加えて混ぜる。
③ 粉と残りの牛乳を、数回に分けて、交互に加えながら、しっかり混ぜる。①も加え混ぜる。
④ ③を1時間ほど室温で休ませ、溶かしバターを加える。
⑤ 熱したフライパンにサラダ油をひき、おたまで約1杯流し入れ、うすくのばし中火で焼く。裏も焼いて完成。

～2002年度：大日方淳子～

枝豆アイス

ホームパーティーで話題集中♪

■材料■

枝豆 さやごとで200g
生クリーム 1パック
さとう40g・牛乳50cc

■作り方■

① 枝豆をゆで、豆を取り出しミキサーにかけペースト状にする。
② 牛乳をなべで温め、さとうを入れ溶かし、冷ます。
③ ①と②を合わせ生クリームを入れ、1分位ミキサーにかける。
④ ③を器に流し入れ、冷凍庫で固めてできあがり。

～2001年度：稲本江里～

学生は何を感じたのか

♪葉っぱの形で作物がわかる

ごみや資源の問題も考えるようになった。自然にふれながら、いろいろなことを体験し、考えたことによって、これから私たちがどのように自然を守っていけばよいのかが、少しわかった気がした。……車で通りすぎた畑の葉っぱの形を見て、これが里イモだとかサツマイモだとかわかるようになったのは、私にとって本当にかなりの進歩だったと思う(渚)。

♪子どもを心配する母親のよう

種子からいろいろな野菜と花とめぐりあって、そこから想像する予想図の絵は、めったに当たることがなかった。……私は、花や野菜を種子から育てた畑を子どものように心配していた。いま思うと、それは子どもを心配する母親のようだ。そんな気持ちに対し、驚き、笑ってしまう(絵梨)。

♪雑草の有効利用でごみゼロ

一番印象に残っているのは、抜いた雑草の有効利用です。抜いた雑草はごみとしか思っていませんでしたが、その見方は180度変わりました。抜いたものを畑のまわりに敷く。こんな簡単なうえ、効果は抜群。畑が広いほど、雑草は生えてくるけれど、その分をまた畑に敷けばごみはゼロです(みさき)。

♪土は育てるもの

土に対する意識というものがだんだん変わりつつある。最近では、土は購入するものである。しかし、先生は違っていた。「土は育てるもの」。この言葉は私にとってとてもインパクトの強いものでした。……授業を学んできて、土が育つものかどうか少しは理解できたように思います。たしかに、土は育つものです。手間をかけて、ちゃんと栄養をあげれば、何年かかるかわからないけど土は育つような気がします。その育った土にはミミズを代表とするたくさんの虫たちや多くの雑草が生え、そして植物が育つようになります(早苗)。

♪土や虫によって生かされている

どの野菜も、生や味を付けずにそのまま食べるのが一番おいしかったです。……いつしか私は土を汚いと思わなくなり、虫も以前よりだいぶ平気になっていました。園芸の授業を通じて、自分がそれらによって「生かされている」のだと実感したからだと思います。畑には名前もわからない生き物が住んでいて、その生き物が住む土から植物を育て、その植物から恵みを受けて、私たちは生きています(幸美)。

♪生産者のことを考える

一番変化したのは、野菜や果物の生産者のことを考えるようになったことです。……以前は、値段のことしか気にしていませんでした。しかし、授業で野菜を育てていることで野菜に愛着がわくようになり、スーパーの野菜にも愛着がわくようになりました。バスや電車の中から見える畑の野菜を見ると、「頑張って大きくなってね」と応援したくなるようになりました。……食卓に出てくる野菜や肉に感謝して食べたいなと思います。そして、極力残さないように心がけていきたいと思います(由佳里)。

♪白菜ってこんなにおいしいんだ

一番印象的だったのは、初めて白菜を収穫したときです。収穫したての白菜を二つに割り、中の芯の部分を生で食べました。最初はとまどいましたが、いざ食べてみると、とても甘く、新鮮なサクサク感を味わえて、感動しました。白菜がこんなにおいしいものだったなんて知りませんでした(涼子)。

♪園芸は人と人の間をとりもつ仲介役

疲れたときに、植物たちが私の心を癒してくれた。いろんなことで悩むたびに、毎回この授業で植物たちに癒されていった。癒されただけでなく、私もそのなかで成長していった。……園芸は人と人の間をとりもつ仲介役なのかもしれないなと思った。……野菜のさまざまな悪い形を見ることができ、野菜にも個性があるということがわかった。……人も同様で、どんな野菜でも何かしらひとつでも光っているところがあればよいのではないかと思った(マユミ)。

♪ゼロから考え直すきっかけに

園芸の授業は自分の生活をゼロから考え直すきっかけになりました。……ものをつくる喜びから、この作物を育てているのは自分である、だからこの作物のために、この作物が育っていくのと同じように自分も生きていこうという気持ちになれる(梢)。

♪「いい土だね」と笑えるように

自然の大切さを知った。作物を育てるときだけでなく、お味噌汁を食べるときや収穫したものの持ち帰り方まで、徹底して自然のことを考えるという姿勢にとても感心した。……些細なことでも環境保護ができると思った。白菜のひとつが病気になってうまく育たなかったことで、植物の生命力の強さを実感した。……ミミズも初めは騒いでいたのに、……移植ゴテですくって投げるようになっていた。それどころか、「いい土だね」と言って笑うようになっていた。私

学生は何を感じたのか

は小さいころに自転車にハエがとまっていただけで2時間泣いたことがあるらしく、母はその話を聞くと、とても驚いていた。……農薬を使う以外にも作物を守る方法があることを初めて知った(亜衣)。

♪食べものにも命がある

自分たちが生きるために必要な食べものにも、ちゃんとひとつひとつ命があることを、あらためて実感した。……自分で育てているものがすくすく大きくなっていく姿は素敵である(遥香)。

♪責任に向き合える人間になりたい

野菜づくりは小学校のころにも授業で何度かやったことがあったが、大勢でひとつの畑をつくっていたので、自分の育てた野菜という意識はあまりなかった。責任と仕事が少なかった分、作物の生長に対する喜びや情けも少なかったのだと思う。しかし、生活園芸の授業では知識と経験と責任をもつことができた。だからこそ、収穫の本当の喜びが味わえたのだと思う。これはどんなことにも言えるであろう。……自分のつかみたいことのために生じてくる責任を軽くすることを考えるのではなく、きちんと向き合えるような人間になりたいと思う。それがこの授業からもっとも学んだこと(舞)。

♪野菜、命、ごちそう様でした

命って待つことも大切なんだなぁと思った。……園芸で得たものは自然と命、そして人と向き合う姿勢。たくさんの野菜の命、人の命、土の命、すべてが大切だということ。私のつくった野菜、命、ごちそう様でした(まなか)。

♪心も豊かにしてくれる授業

私たちが当たり前のように食べている作物がおいしく食べられるのは農家の方々の日々の努力のおかげであることに、気づくことができました。……ただ作物をつくり、収穫するだけでなく、その過程のなかで自然とふれあい、心(感情)をも豊かにしてくれる授業であった。……少しでも自然に目を向けることで、色々な楽しみ方があることにも気づかされた(由梨)。

♪自然に癒されている

いままで自然と科学の発達は、共存することはむずかしいと考えていた。しかし、授業をとおして、共存することはむずかしいこととは思わなくなった。共存するのに大切なのはまず、自然を知ることだと思った。自然を知っていくうちに、自然に癒されていることに気づくことができた。……自然のありがたみ、大切さを感じることができるようになった(香澄)。

♪母も友人も大喜び、園芸の授業は自慢

自分のところだけでは食べきれないと思い、実家や一人暮らしの友人にも配ってみた。実家では母がたいへん喜んでくれ、本当にうれしかった。友達も最初は持ち帰るのをいやがっていたのに、食べたらおいしかったとすぐに電話がかかってきて、園芸の授業があるということが自慢に思えた。野菜がこんなにおいしいものだと知れたのも、この授業のおかげだ(有貴)。

♪自然の営みと生物の共存を学んだ

園芸の授業を通じて本当にいろいろなことを経験できました。また、私たち人間は、さまざまな生物と共存して生きていることも、あらためて実感させられました。……地球上に生きているすべての生物は、食物連鎖という鎖につながれて共存しているのです。人間は一人では生きていけません。そのような自然の営みと生物の共存について学んだ一年でした(美和子)。

♪畑仕事を子どもに体験させたい

土をいじるということは五感を刺激し、生命の尊さを感じ、そのなかで生きる価値を見出していくものであり、早いうちから学んだほうが身につくものであると思う。自分は大学になってから気がついたが、自分が母親になったら、積極的に畑仕事を子どもに体験させていきたいと感じた。食べもののありがたみ以外に、自然の尊さを感じずにはいられなかった(真知子)。

♪植物の生命力の強さを感じた

植物が自らの力で寒さに耐える工夫をしているのを見ると、夏の生き生きとした生命力とはまた違う、生き抜くという生命力の強さを感じることができる(千枝)。

♪ミミズや虫がいても、いまは平気

私は園芸に対する思いが変わった。土が汚いと思わなくなったことと、ミミズや虫がいても平気になったことである。初めのころは、軍手をしていても、土に穴を掘ったり、耕しているときにミミズが出てくるだけで、逃げていた。肥料の臭いも苦手で、汚いと思っていた。しかし、いまは、虫や肥料のことも、畑や作物のためと思うと平気になった。この変化に自分自身が驚いている(翠)。

♪料理の面白さに気づいた

植物がどのように生長していくかが、頭の中だけでなく身体で感じられたような気がします。……去年か

学生は何を感じたのか

ら少しずつ料理をつくるようになり、それがいまも続いています。その理由に、授業で採れる野菜を自分で調理してみたくなったことがあげられると思います。料理は面倒だと思っていたのですが、この1年で、面白いかもしれないということに気づいた(裕美)。

♪自然との共存を深く考える機会

畑でとれたての生野菜を口にできたことが忘れられない。生なのに、とても甘く、みずみずしくて、本当においしく、一口や二口食べただけでは止まらないほどだった。まさに「自然の恵み」というものを体験でき、大きな感動を味わうことができた。……「自然」からの恵み、「自然」がなければ私たち人間は生きていくことができない、「自然」によって私たち人間は生かされている。……けれども、その自然を守っていくのも、また壊していくのも、すべて人間の手にかかっているのである。……「自然」とどのように共存していったらよいのか、どうあるべきなのか……。深く、考え、学ぶ、よい機会になった(真理恵)。

♪なんでも甘くておいしい

きゅうりは毎回大量で、持ち帰るのが大変なほどでした。形も、売り物のように立派なものから変な形のものまでいろいろ違って、面白いのです。……サツマイモを皆で食べたことが印象に残っています。焚き火での焼きイモは甘くておいしかった。……生のままで食べた白菜と大根は、とても甘くて驚きました。……虫に強くなりました(麻美)。

♪精神的開放感を得られた

自分で育てたものを収穫する。それは素晴らしい充実感である。また、作物づくりは人間の生活の基盤になるものであるが、携わっていないとそのありがたみが薄れてしまう。自分で携わることで、そのありがたみを再認識した。……緑に囲まれて畑で作業をしていたとき、精神的開放感を得られた。緑に囲まれ、広く空を見渡せ、鳥の鳴き声や自然の匂いを感じるということが重要であることがわかった。都会に住んでいると自然とふれあう機会が少なく、常に時間に急がされている気分になるが、緑に囲まれて土いじりをしていると、その強迫観念から解かれる気分になれるのである(玲子)。

(「2003年度履修生のレポート」より抜粋)

第3章 有機農業の基本と栽培技術

有機栽培にチャレンジしたいけれど、作物がきちんとできるのかに不安をもつケースが多くあります。そこで、ここでは、私たちがどう転換していったかの経験をまず書きました。一般的に、4〜5年で目に見える成果が表れてくるでしょう。つぎに、土づくり、種子の選び方、病気や雑草との付き合い方など有機農業の基本的考え方を紹介。さらに、施肥、耕耘、播種など野菜や花に共通する技術について、イラストと合わせて、わかりやすく述べています。

1　有機栽培にどう切り替えるか

1　教育農場の歴史

恵泉女学園大学が設立されたのは1988年です。大学の開設に先立ち、東京都世田谷区にあった恵泉女学園短期大学の英文科が東京都多摩市へ移転しました。多摩市は、60年代から大規模なニュータウン建設が行われた地域です。

大学キャンパスはニュータウン開発地域と開発を免れた多摩丘陵との境界部分に、教育農場は多摩丘陵の一部にあります。今日、教育農場として使用している畑は、学園によって84年以降、徐々に取得されてきました。大学ができて以来、この教育農場で実習を中心とした生活園芸の授業が行われています。

現在、授業でおもに利用している畑は、学園が91年に取得しました。当時の担当教員は、「石ころだらけで、草もところどころにわずかに生えているだけだった」と言います。また、その状態を知っている地元の造園屋さんは、有機農業に切り替えて約5年が経った99年に、感慨深げにこう話したそうです。

「最初はここを畑として利用するなんて考えられない状況だったけれど、いい畑になったね」

この造園屋さんには、マルチ用の材料、焼きイモや農場内で燃やしてつくる草木灰用の薪や剪定枝の提供など、さまざまな点でお世話になっています。

2　慣行栽培から有機栽培へ

◆勇気と覚悟と心構え

有機栽培に切り替えたのは94年早春です。縁あって非常勤講師として生活園芸の実習科目を担当することになった私が、当時の関係者に申し出て快諾され、有機栽培への取り組みが始まりました。

3月に行われた園芸担当者による事前打ち合わせの席上で、94年度の授業から化学肥料や農薬の使用を取りやめることを確認。有機栽培に適した品目の選択や栽培カリキュラムの検討を開始していきます。

私が着任する前年は、当時1人しかいなかった多摩キャンパス(大学と短大英文科)の園芸担当教員がサバティカルリーブ(研究休暇)でイギリスに行かれていました。専任教員が不在のまま、神奈川県伊勢原市にあった短大園芸生活学科の教員が大学の授業を担当するという特殊な年だったのです。多摩キャンパスに所属する副手と、それに準ずるスタッフの補助によって、授業は行われていました。

こうした状況のなかで、実質的に農場管理や授業準備に携わっていた副手の菊地牧恵さんと竹島洋子さんは、93年度末にまとめた報告書で、「授業で学生が管理する畑は、無農薬、有機栽培であるべきだと考える」と述べています。

少なくとも二人の間では、園芸実習へ有機農業を導入する可能性を探る機運が高まっていたようです。そこへ私が「有機農業に切り替えてほしい」という条件を提示して、飛び込んでいきました。こうして、94年4月から3人が中心となって、有機農業への転換を実行していったわけです。

有機農業に切り替えて11年、振り返ってみるとさまざまなドラマがありました。とくに転換直後の2〜3年は、転換期ならではの問題やエピソードにこと欠きません。

有機農業には「勇気」が必要だから、「有機農業は勇気農業」という人がいます。この言葉が示すように、化学肥料や農薬の使用を前提とした慣行栽培から有機栽培に転換するときには、「勇気」と「覚悟」と「心構え」が必要です。

私は、周囲に有機農業を営む人

たちがたくさんいる環境で育ってきました。それでも、いざ自分たちだけで有機栽培へ転換していくとなると、ハラハラ、ドキドキ、どうしたらよいか迷うことも少なくありません。幸い、学園にはこうした状況を理解し、暖かく見守り、支える環境がありました。

この章では、まず、教育プログラムとして有機栽培を取り入れる際の心がまえと方法、つぎに具体的な栽培方法を、体験をもとに紹介していきます。

◆いのちのにぎわいが感じられない貧しい土壌

転換直後の畑を振り返ると、さまざまなことが思い出されます。

①畑の中に底なし沼？

畑の一部に、雨が降ると泥沼状態となる場所がありました。たしか転換１年目の梅雨《つゆ》だったと思います。外周部に近いところに区画があった学生が、長靴の長さギリギリのところまで泥の中に埋もれて、立ち往生してしまったことがありました。

「キャー、はまった」

悲鳴を聞いて、あわてて一人の学生が助けに行きました。ところが、彼女までが泥に足を取られたのです。スタッフが恐る恐る、二人を助け出しに行きました。

②畑のヨモギを摘んでヨモギ団子

当初は、畑のあちこちにヨモギが生えていました。取っても、取っても、取り切れません。そこで、４月下旬に摘んだヨモギのアクを抜いて、冷凍しておきました。そして、雨で畑に出られないときに、ヨモギ団子をつくって食べる実習を行いました。

③ミミズもテントウムシもいない畑

もうひとつの特徴は、生き物とほとんど出会えなかったことです。どんなに耕しても、ミミズ一匹出てきません。ダンゴムシもいなければ、テントウムシもいません。いのちのにぎわいが感じられない畑でした。もっとも、この畑は虫嫌いの学生にとっては天国。ミミズ、クモ、コオロギなどとの遭遇

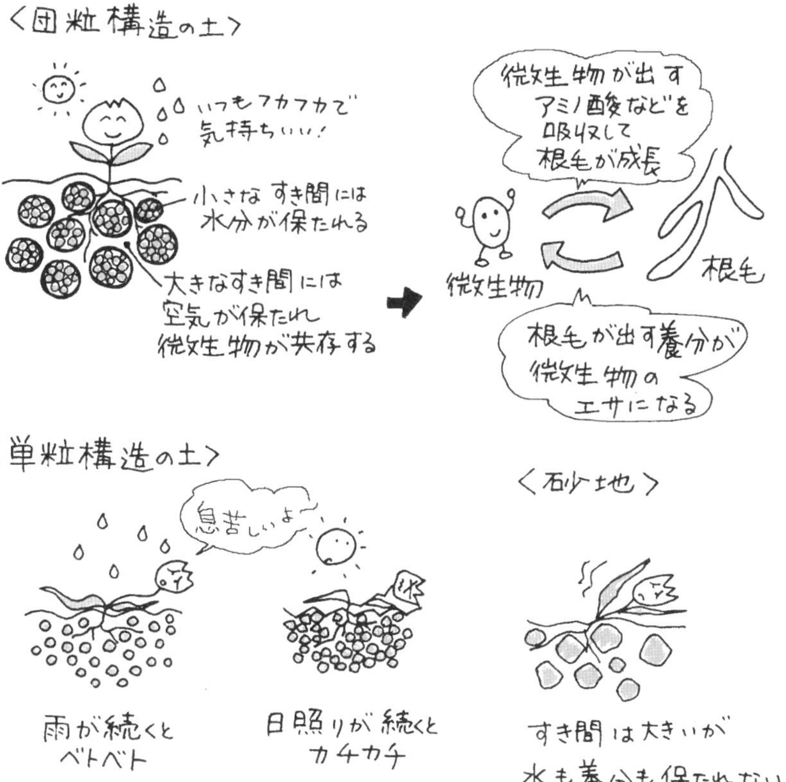

<団粒構造の土>
いつもフカフカで気持ちいい!
小さなすき間には水分が保たれる
大きなすき間には空気が保たれ微生物が共存する
微生物が出すアミノ酸などを吸収して根毛が成長
微生物
根毛
根毛が出す養分が微生物のエサになる
<単粒構造の土>
息苦しいよ〜
雨が続くとベトベト
日照りが続くとカチカチ
<砂地>
すき間は大きいが水も養分も保たれない

に悲鳴をあげることなく、もくもくと鍬で土を耕し、肥料を入れ、種子播きや定植の準備を進めていったのです。

この三つは、転換直後の畑の状態をよく示しているエピソードです。堆肥や有機物が施された土の中にはたくさんの生き物が棲み、常に土を耕し、細かい粒子の土と土を結びつけ、団粒構造をつくります。団粒化が進んだ土壌は軟らかく、通気性がよく、水はけと水もちの両方に優れ、作物の生長にとって望ましい環境です。しかし、転換時の土壌は、有機物含量が非常に少なく、団粒構造は未発達で、雨が降ればドロドロ、乾燥すればカチカチの単粒構造でした。

そのうえ、酸性土壌の代表的な草であるヨモギやスギナが、畑のいたるところで見られました。元来、雨が多い日本には、酸性土壌が非常に多いといわれます。加えて、化学肥料の連用と、それにともなう堆肥の施用量の減少が、酸性化の進行に拍車をかける原因となっています。当時の土壌が酸性で単粒構造だった理由も、おそらく化学肥料の連用と堆肥の施用量の少なさでしょう。

土を耕してくれるミミズや益虫の代表者であるクモなど、自然界の循環や共生サイクルのなかで重要な役割を果たす生き物にも、ほとんど出会えませんでした。

私たちは、そこを出発点として、作物の生育に適した土、つまり団粒構造に富んだ、いのちのにぎわいが感じられる土を回復するために、努力していきます。

◆基本は土づくり
――有機質肥料を見直す――

最初に行ったのは土づくりです。できるだけ多くの有機物、とくに刈り草や剪定枝などの有機物をたくさん入れました。作物が元気に育つ生きた土を取り戻し、生きた土を畑でつくることに、力をそそいだのです。

1年目は手探り状態のなかで、ワラ床の古畳をもらってきて畑の周辺部に敷いたり、教育農場周辺の土手草を授業中にみんなで刈ったり、周囲の植木屋さんや造園屋さんにお願いして刈り草や剪定枝を持ってきてもらい、それらを畑に入れたりしました。

同時に、畑に投入する有機質肥料の内容について検討を始めていきます。それまで化学肥料とともに有機質肥料として用いられてきたのは、つぎの3つです。

①バーク堆肥

樹皮に鶏糞などの窒素源を添加

して堆積発酵させた堆肥。

②骨粉

屠《と》場や缶詰工場から出る肉、内臓、骨などを原料とした肥料。製造方法によって、肉骨粉、生骨粉、蒸製骨粉の３種がある。

③石灰質肥料

カルシウムを主成分とする肥料。酸性土壌の矯正のためによく用いられる。

これらの使用について、堆肥としての熟成度や安定性、原材料の確かさという点から再考し、替わり得る適切な有機質資材を探していきます。資材の検討にあたっては、単に作物栄養学的な質と量の問題だけでなく、①取り扱いやすさ、②原材料について自分の目で確かめられるかどうか、③地域資源の循環的な活用を図る、なども重視しました。

当時、BSE(通称、狂牛病)は日本国内でまだ発生していません。それゆえ、窒素とリン酸に富んだ手軽な肥料として、肉骨粉は広く用いられていました。しかし、原材料の確認がむずかしいし、米ぬかで代替可能なので、２年目の95年に使用を中止。代わりに、近くのお米屋さんから米ぬかを譲ってもらい、畑に入れていきます。

また、大学のすぐ近くにある町田市内の養鶏場から購入した発酵鶏糞に、水を加えてさらに発酵を促した、通称「ドロドロ鶏糞」を即効性肥料としてキュウリの

転換２年目(95年４月)の畑に立つ学生たちと私(左)。有機物の補給と草を抑えるために、通路に古畳を敷いてある

追肥に使用。1本でも多く収穫できるように試みました。

さらに、牛の飼い方(動物の福祉)、エサの内容、コーヒーやカカオかすを牛舎の下に敷いて悪臭を防ぐなど都市近郊畜産のあり方に工夫を凝らしている八王子市内の畜産農家(磯沼ミルクファーム)の牛糞堆肥の使用を検討し、使い始めました。検討にあたって重視したのは、つぎの3点です。

①飼料に遺伝子組み換え農産物を使用していないか。

②抗生物質など動物性医薬品の使用を必要最低限に抑えているか。

③地域資源の有効活用に努めているか。

加えて、石灰の使用も見直していきます。酸性土壌を矯正するために、それまで毎年使用していましたが、土を固くする原因ともなるからです。替わってホウレンソウの播種時には、草木灰を使いました。磯沼ミルクファームを通じて入手した、コーヒー豆が入っていたジュート袋を畑に敷いたり、敷草マルチも始めました。

3年目の96年には、堆肥としての熟成具合と成分に、ばらつきと課題があったバーク堆肥の使用を全面的に中止。牛糞堆肥、発酵鶏糞、米ぬか、草木灰、カキ殻(後に焼成有機石灰)を有機質肥料として用いる、現在の施肥方法に到達しました。その結果、団粒構造に富んだふわふわした土となり、いまではミミズ、クモ、ハサミムシ、ヤスデをはじめとする、多種多様

表3　教育農場で使用している牛糞堆肥と市販堆肥の比較

	窒素全量 %乾物中	リン酸全量 %乾物中	カリウム全量 %乾物中	石灰全量 %乾物中	苦土全量 %乾物中	全炭素 %乾物中
牛之助	3.18	1.68	4.65	4.00	1.22	44.72
牛糞堆肥1	2.3	4.9	0.4	4.1	1.3	32.4
牛糞堆肥2	2.2	1.50	3.10	—	—	—

(注) 牛之助は磯沼ミルクファームの牛糞堆肥の名称。
(出所) 牛之助は東京都家畜保健衛生所分析(2004年)。牛糞堆肥1は『肥料便覧(第5版)』農山漁村文化協会、1997年、211ページ。牛糞堆肥2は東京都有機農業堆肥センター製造の堆肥成分(1995年)。

な生き物に出会えます。

なお、現在使用している磯沼ミルクファームの牛糞堆肥は、通常市販されている牛糞堆肥に比べて肥料成分(とくに窒素とカリウム)がやや多く含まれています(表3参照)。

◆3年間の教育的効果

手探りのなかでさまざまな取り組みを行った最初の3年間。やせた土壌に植えられた、栄養失調で生育不良のキュウリにはウドンコ病などの病気が広がり、チンゲン菜や白菜には虫食いの穴が無数に見られ、収穫したラディッシュの形は不格好でした。一方で、この期間中、教育という点では大きな意義を感じるできごとや場面に出会うことができました。その一部を紹介しましょう。

①お腹をすかせたキュウリの苗に、ご飯をやりにいきましょう

2年目の5月、雨の日に教室での講義後、傘をさして学生とともに、キュウリにドロドロ鶏糞を施すために、畑へ行きました。

薬剤を使用しない野菜栽培では、雨が降ったり、露がついているときに苗に触ると、病気の大きな原因となります。だから現在は、苗が濡れているときは収穫しないように指導しています。

しかし、転換2年目の土には、キュウリが生長するために吸収できる養分(ご飯)が十分にありません。したがって、定期的に外から補う(即効性有機肥料による追肥)ことが必要です。学生たちには、雨のなかわざわざ畑に行く理由をこう説明しました。

穴だらけの白菜。中央に虫が見られる(98年10月)

「お母さんが、お腹の

すいた赤ちゃんに、『いまは都合が悪いから明日までミルクを飲むのを待っててちょうだい』と言えますか？」

「キュウリの根のまわりに吸収可能な養分が十分にないことを知りながら、雨が降ったからといって、肥料を施すのを来週の授業のときまで待てますか？」

「キュウリは生後間もない赤ちゃんと同じで、自分で歩いてご飯をさがすことはできません。だから、今日は雨が降っているけれど畑に行きます」

②一杯のかけそばならぬ、一本のキュウリ

転換後2〜3年間は、キュウリの栽培は非常に厳しい状況でした。栄養失調気味の苗は病害虫に対する抵抗性が低く、実をつける前に枯れてしまう苗も、少なくありません。学生が収穫して家に持ち帰るキュウリの数は、決して多くなかったのです。教員側では二つの意見が対立していました。

「農薬を散布して病気を抑え、収穫できるキュウリの数を増やすべきだ」

「ここで我慢をしないと、いつまで経っても有機農業に到達できない。学生にはきちんと説明すればわかってもらえるはずだし、それなりの教育効果があがるはずだ」

結局、農薬散布は見送られました。それは、収穫という結果が得られなければ意味がないのか、それとも育てるという過程も収穫と同じぐらい重要とみなすかという、教育プログラムとしての基本的な考え方を問う課題でもありました。そうしたなかで、学生が提出したレポートに、つぎのようなものがあったのです。

「4本植えた苗から収穫できたキュウリは、たった1本でした。一人暮らしをしていたので、それを一人で食べずに、実家に送りました。それを受け取った母親が、家族そろって食べられるようにと漬物にしておいてくれ、夏休みに家族そろって食べました」

当時、「一杯のかけそば」が話題

になっていました。この「一本のキュウリ」の話は、有機栽培をとおした教育がもたらすものは収穫量という単なる結果だけではないことを示す、格好の事例ではないでしょうか。

③虫食いだらけのチンゲン菜

秋播きのチンゲン菜や白菜にも虫が多くつき、葉が虫に食われて穴だらけになる場合も珍しくありませんでした。しかし、虫食い穴だらけの白菜も、寒さが増し、葉が巻き始めるころになると、徐々に被害の程度が軽くなります。最終的には、食べるのにそれほど支障がない、立派な白菜に仕上がっていきました。

そして、99年ごろを境に、虫食い穴だらけのチンゲン菜や白菜はほとんど見られなくなりました。これは、畑の中に棲む生き物の種類が増え、害虫と天敵のバランスがとれるようになった結果だと思います。

④雑草の種類の変化

畑のいたるところで見られたヨモギとスギナは、根が残らないように、除草後ビニール袋に入れました。そして、完全に根が枯死してから畑に戻すという作業を1〜2

年、続けました。そのうち、生える雑草の種類が変わっていきます。ヨモギとスギナはほとんど見られなくなり、代わって肥沃な土壌の代表とされるハコベ、ホトケノザ、オオイヌノフグリなどが畑を覆うようになりました。

雑草の変化は、土の状態を示す指標のひとつです。スギナが消え、ホトケノザが出てきたことは、土壌のpHが強酸性から弱酸性〜中性域へと変わった現れであるといえるでしょう。

3　有機栽培から有機農業へ

◆4〜5年目で目に見える成果

転換後4〜5年目から、草だけでなく、キュウリや白菜の生育状況、ラディッシュの根の形などに、明らかな違いが出てきました。たとえば、病気の進行速度のほうが早く、実がならないうちに枯れていたキュウリのツルがグングン伸び、立派な実をつけるようになります。

たしか5年目のこと。学生数が増えて、1区画の面積が以前より狭くなり、1区画4本植えから3本植えに苗の数は減りました。にもかかわらず、生食だけでは食べきれないほど多くのキュウリが収穫できたのです。1週間に1度、授業のときしか畑に来ない学生の区画には、ヘチマのような巨大キュウリがぶら下がっていました。私たちは、ピクルスやチーズのせ焼きなどキュウリを無駄なく食べる料理方法を紹介するようになりました。

このように有機栽培に少し余裕が出てきたところで、農場全体の環境について考えていきます。

98年には立派なキュウリが穫れた

◆持続可能な農業体系としての有機農業

「有機栽培」と「有機農業」の違いは、目的とする作物生産のためだけに有機的な管理を施しているのか、対象作物だけでなく周囲の環境まで含む農場全体を一体として有機的に管理しているのか、の差といえるでしょう。また、両者の違いを生業《なりわい》として成立しているかどうかに求める場合もあります。

教育農場では、有機農業の畑としていくためにさまざまな工夫をしてきました。

①収穫を目的とした野菜や花だけでなく、多種多様な生き物が暮らせるようにハーブ類や樹木を植える。たとえば、畑の周辺部にはブルーベリー、ラズベリー、柿、アンズ、アーモンド、イチジクなどの果樹を、土手の一部にはカキドオシ、ツルギキョウ、タイム、ペニーロイヤルミントなど匍匐性《ほふく》(背丈が低く、地面を這う)の多年性植物をカバークロップとして植えた。

②外部からの有機質肥料の持ち込みを極力抑えるために、自家製堆肥をつくり、緑肥作物を栽培する。たとえば、隣接する自然観察林やキャンパス内で集めた落ち葉を使った堆肥・腐葉土づくりも始めた。生活園芸Ⅱ(2年生以上の選択科目)で使用している区画では、不耕起栽培も実践している。

不耕起栽培の畑(生活園芸Ⅱ)。4 m² で 10 種類以上を栽培する

そして、畑が空いている冬の間に、麦類、ベッチ類やクリムソンクローバーなどをつくる。

③種苗の外部依存度を低くするために、可能なところから自家育苗や自家採種を行う。白菜の有機種苗を自家生産する技術はすでに確立。自家採種についても試験的に取り組みを始めている。

これらは、持続可能な農業体系としての有機農業をめざす取り組みです。さらに、労力面や経済性など生業として成立させるうえで重要となる事項も考慮して、経済的にも自立可能な有機農業をめざしていきたいと思っています。

いまでは、畑でさまざまな生き物に出会えます。ミミズ、クモ、テントウムシ、コオロギ、バッタ、ハサミムシ、ヤスデ、カマキリ、モグラ……。土の中にも上にも、草の中にも、実に多種多様な生き物が棲んでいます。そして、学生たちが土を耕しながら、「ミミズがいた、クモがいたー」と驚いたり、「キャー、ゴキブリ」とコオロギを見て叫んだり。

そんな学生の姿や行動を観察しながら、彼女たちに適した教育を提供できるようにと、私たち教育スタッフは模索を続けています。教育農場では、私たち人間もまた、地球上に暮らす生き物のひとつにすぎません。

私たちは教育農場をベースに、多種多様な生き物が共存共栄できる環境づくりをめざし、有機栽培にとどまることなく、持続可能な有機農業の実践に取り組んでいます。転換して7年目の2001年には、4月から有機農産物の検査認証制度が完全施行されたのを契機に、有機生産圃場としての認定を申請。8月には、教育機関として初の有機認定を受けました(その後も毎年、1年に1度の調査を受け、継続認定されている)。

12月には、第1回自然の恵みフェア(現オーガニックエキスポ)に人間環境学科1期生有志が出展。有機認定圃場で行われている生活園芸Ⅰの実習について、学生の目をとおして見た内容や感想などを展示物や印刷物を用いて紹介しました。このフェアには同学科の学生が中心になって、出展しています。

有機 JAS マーク付きの恵泉女学園大学産野菜は、おもに学園祭で販売されています。04 年には、学生有志によって自発的に栽培された有機 JAS マーク付きの野菜も、初めてキャンパス内の前庭や学園祭で販売されました。1 年目とはいえ、その野菜の種類はコカブ、ジャガイモ、キュウリ、トマト、ピーマン、ナス、オクラ、ゴーヤ、シシトウ、トウガラシ、里イモ、モロヘイヤ、インゲンの 13 種。さらにゴーヤとマリーゴールドの種子、ポプリも含めて、合計 16 品目にも及びました。

「底なし沼状態」の畑から出発して 11 年。有機栽培から有機農業へ。教育農場は土づくりや野菜づくりの場だけでなく、人づくりの場としても、有機的な機能を果たしていると実感しています。

甘くておいしいと大好評のホウレンソウ

2　有機農業の基本的な考え方

1　実現可能なことから取り組む

有機農業は、単に化学肥料や化学合成農薬を使用しない農産物を生産するための生産体系を指しているのではありません。たとえば、日本の有機農業運動は早い時期から、「生命尊重型社会の創造」を運動目標としてきました。一方、有機農業運動者が集う世界最大の民間団体・国際有機農業運動連盟(IFOAM)の見解は、「生物多様性」「社会正義・社会公正」「地域生産・地域消費」など生産効率性以外の視点も生産性と同様に考慮すべきであるというものです。

また、日本における有機農産物の法制上の規格「有機農産物の日本農林規格」でも、「有機農産物の生産の原則」は以下のように規定されています。

「農業の自然循環機能の維持増進を図るため、化学的に合成された肥料及び農薬の使用を避けることを基本として、土壌の性質に由来する農地の生産力を発揮させるとともに、農業生産に由来する環境への負荷をできる限り低減した栽培管理方法を採用したほ場において生産されること」(第２条(1))

有機農業の実践にあたっては、これらの運動目標を栽培技術や栽培実践のなかに具体的に取り入れていかなければなりません。しかし、日本は欧米諸国に比べると有機農業技術の研究開発が未発展で、克服すべき課題が山積しています。有機農業の目標と実践現場における現実との間に大きなギャップがあることも、少なくありません。

たとえば、有機農業では有機生産圃《ほ》場で採種された種子の使用が原則となっています。しかし、日本で販売されている有機種子は皆無に等しいのが現実です。

そこで、教育農場ではつぎに示す基本的な考え方や原則にしたがって、自分たちが置かれている状況下で実現可能なこと、無理なくできることから取り組んでいくという方針をとっています。以下に、有機農業の基本を示すキーワードをあげてみました。

地域内資源循環、持続可能性、生物多様性、省力化、安全性、環境負荷の軽減、適地適作、適期適作、旬産旬消、輪作、多品目生産、生産者と消費者の相互理解。

2 堆肥を基本とした土づくりと地域内資源の有効利用

化学肥料や化学合成農薬に依存せずに作物を育てるためには、健康な作物が育つ環境をつくることが必要です。そのために土づくりが基本となります。

日本型有機農業の原型は、1軒の農家が田畑を耕し、家畜を飼い、山林を活用するという、小農的有畜複合農業です。しかし、都市部に位置する本学では、家畜の飼育と山林からの十分な投入資材の確保が、容易ではありません。

そこで、地域内(市内または隣接市)の畜産農家とお米屋さん、植木屋さん、造園屋さんの協力を得て、有機物資源を有効活用した土づくりを基本としてきました。地域内の畜産農家から堆肥などを譲り受けるときは、畜産の経営状況、飼料や動物性医薬品の使用方針などについて確認し、工業的な畜産を行う農家からの入手は避けるべきです。土づくりのために外部から持ち込んだ資材によって、畑の土が汚染されることがあってはなりません。原材料の素性が確認できる有機資材を優先的に使用しましょう。

86・87ページの図に、生物圏におけるおもな物質循環と日本の伝統的な有機農業の循環を示しました。

生物圏におけるおもな物質循環

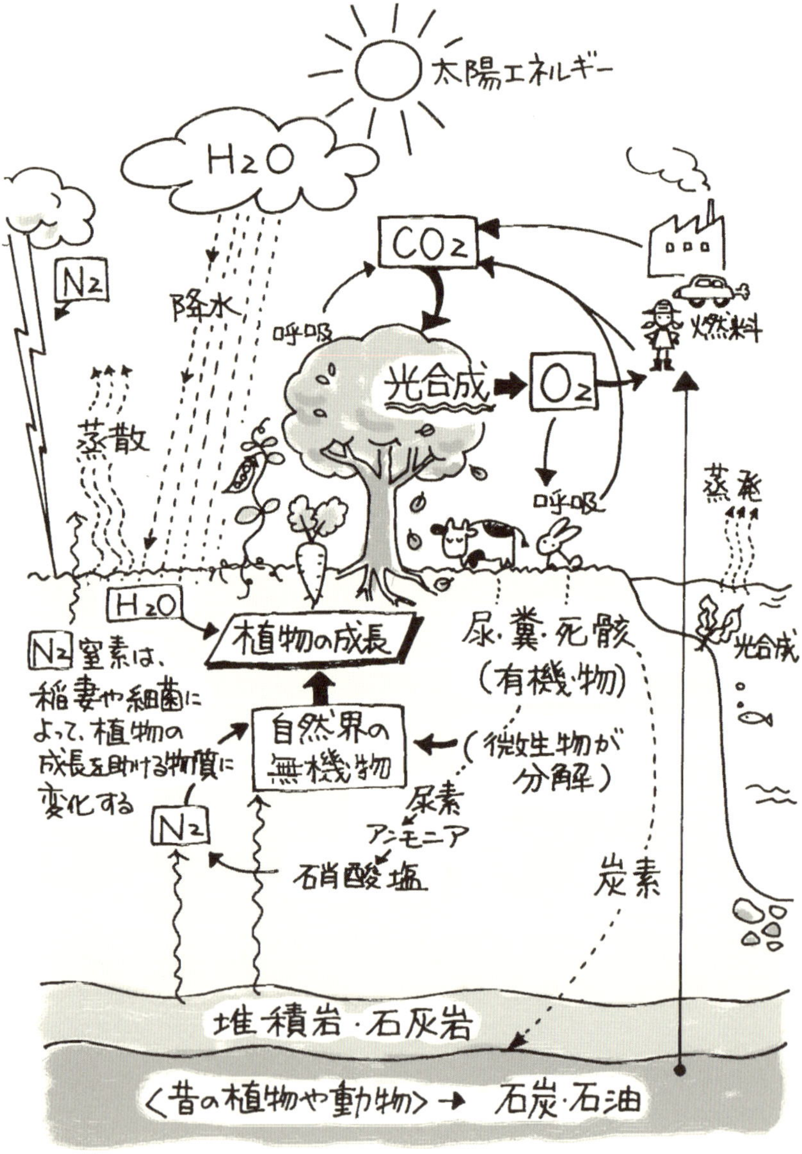

日本の伝統的な有機農業の循環

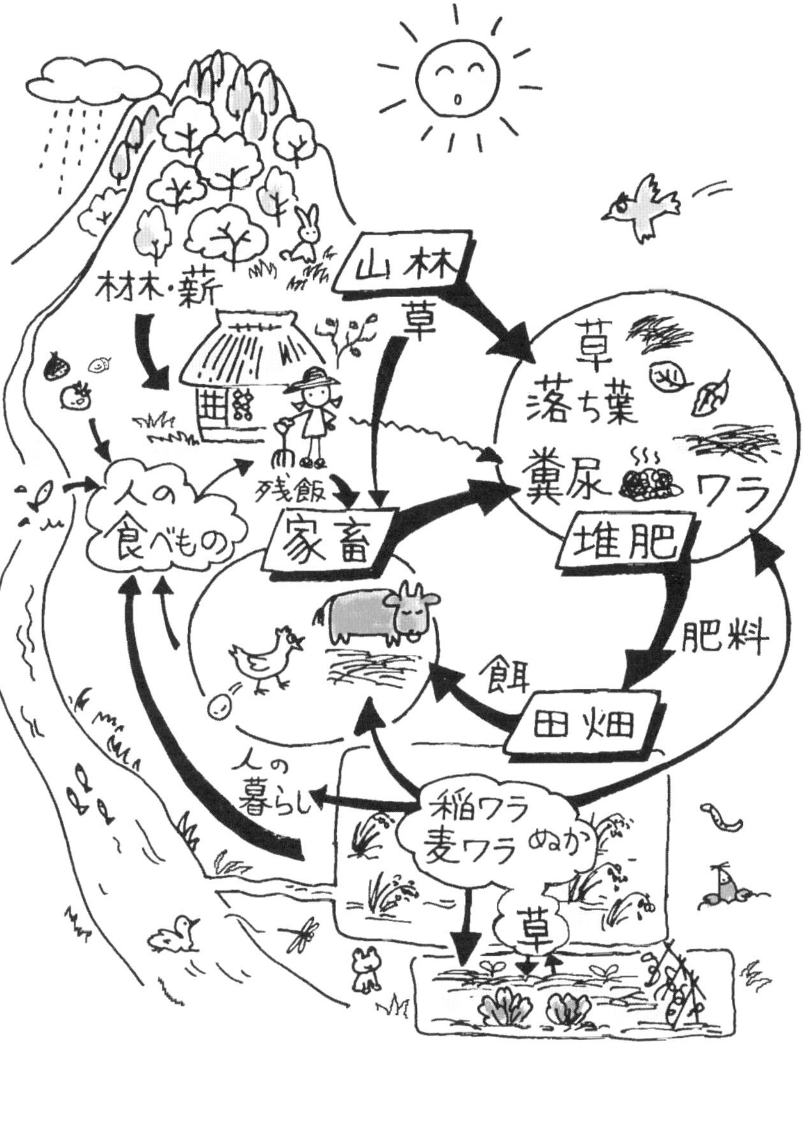

3 品種と種子・苗の選び方

◆適地適作・適期適作

植物分類学的には同種であっても、特性が異なっているものを、品種と呼びます。たとえば、人参のように長い守口《もりぐち》大根も、かぶのように丸い聖護院《しょうごいん》大根も、植物学的には大根です。しかし、区別するために、守口大根や聖護院大根という品種名を使います。

有機農業では、病害虫に強い品種、地域の気候風土に適した品種を用いた、適期の栽培が基本です。食べる側の視点から考えると、旬にできたものを食べる旬産旬消が基本です。

ただし、教育プログラムとして栽培を行う場合、栽培管理を作物の都合(生育状況)に合わせるのではなく、授業日程に合わせて行わなければならないときも少なくありません。また、品種によっては、種子や苗の入手がむずかしい場合もあります。

そこで、教育農場では、一般的に病害虫に強いとされているなかで、無理なく入手できる品種を選んで栽培しています。なお、品種の選択にあたっては、各地の有機農業者がどのような品種を使って栽培しているかをまとめた「有機農業に適した品種100撰」(日本有機農業研究会発行、2000年)などを参考にするとよいでしょう。

◆種子と苗の多くは購入、自家採種にも挑戦

すでに述べたように、有機生産された種子や苗を用いるのが理想ですが、残念ながら自分で生産・採種しないかぎり入手できません。選択科目である生活園芸Ⅱでは、モロヘイヤ、ルッコラ、トウガラシ、トウモロコシなど、できる作物から自家採種にも挑戦しています。しかし、必修科目である生活園芸Ⅰでは規模的に対応がむずかしく、基本的には購入種子を使用しています。購入する場合は、できるだけ薬剤処理されていない種子を選

ぶように気をつけてください。

苗については、学内で対応が可能な白菜は自家育苗です。キュウリとサツマイモは、地元のJA町田市を通じて地元の生産者が育苗したものを購入しています。生活園芸Ｉでは、一度に大量の数をそろえる必要があるし、育苗スペースや労力配分も考慮しなければなりません。無理のない範囲で対応しています。

◆組み換え遺伝子混入の可能性がある種子は避ける

遺伝子組み換え作物は、有機農業では栽培が認められていません。ただし、自分の畑で栽培していなくても、他の畑の遺伝子組み換え作物の花粉によって遺伝子が汚染されている可能性があります。

たとえば、トウモロコシでは遺伝子組み換え品種の花粉による遺伝子汚染が深刻です。日本に輸入された飼料用トウモロコシの種子に遺伝子組み換え品種による遺伝子汚染があることが、明らかになっています。日本で販売されているトウモロコシの種子の主要生産国はアメリカで、遺伝子組み換えトウモロコシの栽培が普及しているアメリカでは、その遺伝子汚染が広がっているからです。

この問題が発覚するまで、教育農場ではトウモロコシの１種であるポップコーンや観賞用トウモロコシの栽培を行ってきました。しかし、購入種子に組み換え遺伝子で汚染されている種子が混入している可能性が出てきたうえに、国内産種子の安定的な入手が現時点では困難です。そこで、組み換え遺伝子混入の可能性がある種子を用いた栽培は見合わせるという原則にしたがい、現在は、生活園芸Ｉにおけるトウモロコシ類の栽培を見合わせています。

4　病害虫と雑草の管理

◆病気や虫との付き合い方

病害虫による影響を極力避けるための基本は、輪作です。連作を避けます。同じ場所で、同じ作物を何年もつくり続けると、その作物特有の病気や害虫の密度が高くなり、病害虫による被害が大きくなるからです。

教育農場では、生活園芸Ⅰで利用する畑の区画(個人用の畑)を大きく３区画に分けて、１年２毛作、３年１作の輪作(ローテーション)を組んでいます。栽培順序は表４を参照してください。

表４　教育農場の輪作体系

	春作	秋作
1年目	キュウリ	白菜・大根
2年目	ジャガイモ	コカブ・ラディッシュ・チンゲン菜・サニーレタス
3年目	サツマイモ	ホウレンソウ

◆雑草の活かし方

有機農業では、雑草は大切な資源です。農業技術の近代化の過程では、雑草をいかに防除し、淘汰・征服していくかが大きな目標とされ、その結果として除草剤が開発されていきます。しかし、近年、この除草剤が私たち人間や他の生き物にさまざまな面で悪い影響を及ぼしていることがはっきりしてきました。

また、除草剤を使用しなくても、除草した草を土に還さずに、わざわざ燃やしたり、可燃ごみとして出す場合が少なくないようです。都市部の一坪農園で有機栽培を熱心に行っているという方から、「草は家に持ち帰り、可燃ごみとして出しています」と聞かされ、たいへん驚いた経験があります。

除草剤を使用しない農業や有機農業では、雑草をいかに活用し、味方につけられるかが、重要なポイント。野菜などの１年生作物をつくる畑では、つぎの二つが大切です。

①雑草を刈りこむ

春作の後、自然に生えてくる雑草をそのままにしておき、種子をもつ前に刈りこみ、秋作に備える。夏の間に畑を休ませ、地力を回復させる自然なやり方である。

②休耕時に草を生やす

作付け予定がなく、畑を休ませ

るときには、耕起により草をきれいに除去するのではなく、積極的に草を生やす。それによって、浸食や土の飛散を防ぎ、土壌微生物が棲みやすい環境をつくる。

しかし、一般的には「畑に雑草が生えているのは、どうもね……」とか「作物の収穫が終わったら耕耘機をかけて、草が生えていない状態に畑を保つ」など、近代化農業に慣れ親しんできた人びとが多いのが現実です。したがって、「畑は茶色の土がむき出しになっているよりも、緑が生えているほうが、ほっとする」という私たちの感覚は、なかなか理解してもらえません。

そのため、「有機農業の畑は草だらけで、みっともない」と言われない程度に、雑草を管理(防除ではなく管理)していくことが重要となります。とくに、夏休みの２カ月間、学生はほとんど畑に来ません。だからと言って、学生の畑に雑草を伸ばし放題にしておくわけにはいきません。この時期に雑草とどう付き合うかが大きな課題です。

教育農場では、「雑草は畑にとって有効な資源」と位置づけています。そして、とくに雑草の生長が旺盛な春から夏にかけて、以下のような管理を行ってきました。

①手か鎌を用いて草を取り、苗の根元や通路に敷いて、マルチとする。

②夏休み前に収穫を終えたジャガイモやキュウリの畑は、近隣の造園屋さんなどから入手した刈り込み枝や刈り草を用いて、厚めにマルチをする。

③サツマイモは、ツルが畑全体を覆い始める夏前までに、１度か２度ていねいに除草を行い、敷き草マルチをする。

④里イモとショウガは、梅雨明けまでにていねいに除草してマルチを厚めに敷き、夏の間の乾燥を防ぐ。

3　有機農業の共通技術

ここでは、どの作物を育てるときにもおよそ共通している栽培技術について述べます。紹介するのは、私たちが生活園芸Ⅰの授業で実際に行っている栽培技術が中心です。つぎの３点を前提として、教育プログラム用に組み立ててきました。

①化学肥料や農薬を使用しないでも十分に収穫が期待できる。
②１週間に１回、90分間程度の時間内で管理できる。
③７月なかば〜９月なかばまでの２カ月間は畑に来ない。

１区画あたりの畑の広さは、幅0.6ｍ×長さ1.5ｍの0.9㎡。２人１組で、耕耘して種子播きから、収穫して利用までの全行程を、責任をもって行います。

栽培にあたっては、小さな種子からスタートして野菜や花が収穫できるまで、どのような作業をしたらよいのか、だいたいの流れを頭に入れておくことが大切です。個々の作物による違いや特別な作業は、作物別の項目(第４章)を参照してください。

また、除草とマルチの項では、草(雑草と称されるもの)にスポットをあてました。通常の畑では邪魔者扱いされがちな草ですが、すでに述べたように、扱い方によっては畑の味方にできます。そのためには、道具の使い方も大切。草と道具の二つを自在に使いこなす技を身につければ、畑仕事は何倍も楽しくなります。

1　施《せ》　肥《ひ》

肥料を畑に入れること。収穫物として外に持ち出された養分の補給が基本です。ただし、窒素のように、大気や水など自然界からも供給される成分があります。肥料は、施す時期によって大きく3種類に分けられます。

①元肥《もとごえ》(基肥《もとごえ》ともいう)

種子を播いたり苗を植える少し前、あるいは播いたり植える直前に施す肥料。種子播きや植え付けの数日～2週間前に元肥として用いる肥料を畑に撒き、土とよく混ぜてなじませ、畑の準備をしておくことが理想です。

それがむずかしく、種子播きや定植の際に元肥を入れるときは、完熟堆肥(十分に発酵が進み、有機物が分解され、有効成分が作物に吸収されやすい状態になっているもの)の使用が必須条件となります。教育農場では、定植1～2週間前に元肥を入れて準備できるのはキュウリだけ。その他の作物は、播種時や定植時に入れています。なお、元肥にはサツマイモを除くすべての作物で、牛糞堆肥、発酵鶏糞、米ぬかを使用しています。

②追肥《ついひ》

作物の生育途中で、補足的·追加的に施す肥料。多くの場合、速効的な効果をねらい、ボカシ肥の使用が一般的です。教育農場では、特別な場合を除いて追肥は行っていません。いまでは土壌が肥沃になり、追肥をしなくとも安定的に一定以上の収量が得られるからです。

ただし、有機栽培への転換初期のように、土に十分な養分が含まれていない場合には、追肥を行う必要があります。その際は、ボカシ肥や、鶏糞に水を加え一定期間おいて発酵を促した肥料(前述のドロドロ鶏糞)を用いるとよいでしょう。

なお、ボカシ肥とは、山土に鶏糞、米ぬか、菜種粕、炭などを混ぜ、水分50〜60%とし、短期間に切り返しを繰り返して十分に発酵させた、即効性の有機質肥料です。

③御礼肥《おれいごえ》

収穫後に収穫への感謝をこめて施す肥料。果樹で行われる場合が多い。教育農場では、有機農業への転換直後から04年まで、年度の最終授業時に施してきました。その結果、土壌肥沃度が一定の水準に達していることが判明。05年以降は、土壌分析などによって土の栄養状態を見ながら、施すかどうか判断することになっています。

2 耕耘《こううん》と整地

畑を耕し、土をほぐし、播種や植え付けに適した状態に整える作業が、耕耘です。教育農場では、トラクターは1年に1度、新学期が始まる前に入れるだけで、通常は四本鍬でよく掘り起こします。元肥を入れるタイミングは、耕す前でも、少し耕してからでも、かまいません。

チェックポイントは、四角い畑(区画)を、丸くではなく、四角く耕すことと、畑の土を通路側に出さないように気をつけること。

葉菜類(葉物)を育てる場合は、深さは15〜20㎝で十分で、深く耕す必要はありません。一方、大根の場合は、最低30㎝程度の深さまでよく耕し、土中の石や枝切れなど

秋学期になると鍬の扱いに慣れる

をあらかじめ拾い出してください。この作業を怠ると、二股大根(土の中を大根が伸びていくとき、障害物にあたると、その部分から二股に分かれてしまう)ができてしまいます。

耕して元肥を入れた後の畑の表面を平らにする作業が、整地です。これで作物たちのベッドが完成します。ここまでが種子播きや植え付けの準備段階です。

多くの人が耕耘には一生懸命になります。ところが、案外おざなりにされやすいのが、この整地作業です。作物ごとに適した高さの畝《うね》をつくったり、種子播きのために土の表面を平らにしておくことは、発芽のそろい方や生育状況に大きく影響します。

身長160cmの人から見ると、「だいたい平ら」でも、厚み2～3mmの種子にとっては「すごいでこぼこだ」になるのです。整地はくれぐれも、ていねいに。手のひらを立てて、土をならし、手に触るチップや大型有機物は通路に出してください。「耕耘は大胆に、整地はていねいに」が大切なコツです。

3 播《は》 種《しゅ》

種子を播くこと。播き方によって、散播《ばらま》き(畑全体にバラバラに播く)、条播《すじま》き(筋状に播く)、点播《てんま》き(植え幅ごとに数粒ずつ播く)に大きく分けられます。

教育農場では、大根、ムギワラギク、センニチコウ、ポップコーンが点播き、コカブ、ラディッシュ、チンゲン菜、サニーレタス、ホウレンソウが条播きです。播き方のちょっとしたコツを以下に紹介しましょう。

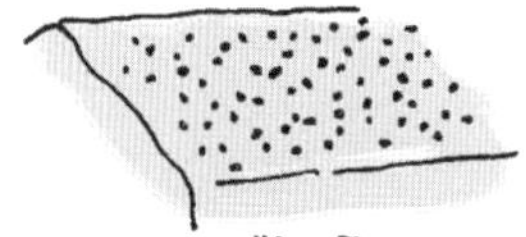

散《ばら》播《ま》き

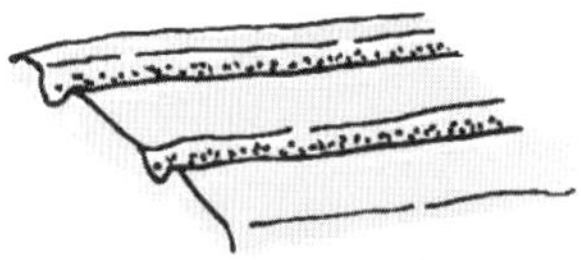

条《すじ》播《ま》き

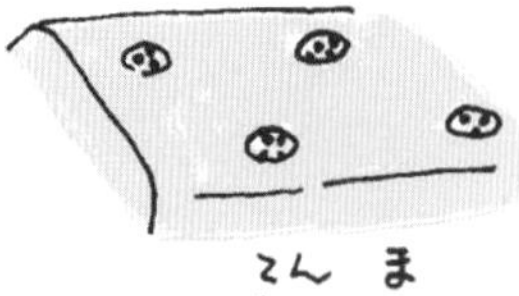

点《てん》播《ま》き

その1。播き始める前に一呼吸。芽が出てきたときを想像しながら、種子が重ならないように播きます。それは、芽が出たときに、根が絡んでしまうのを防ぐためです。親指と人差し指で種子をつまんで、こすり合わせながら播きます。

その2。覆土《ふくど》(土をかけること)の厚みは、種子の厚みの2~3倍が基本です。厚くなりすぎないように注意してください。覆土が厚すぎる種子は、イラストのように「地面が遠いよー、おぼれそうー」と困っています。このとき、移植ごては使いません。小さな種子の場合は、両手で土をすり合わせるよ

うにして、パラパラ振りかけるとよいでしょう。

なお、レタス、シソ、春菊のように光があったほうがよく発芽する種子(好光性種子)と、大根、キュウリ、スイカのように暗いところでよく発芽するか、光で発芽が抑制される種子(好暗性種子)があります。

その3。畑の土が乾燥しているときは、種子を播く部分にあらかじめ水をたっぷりやってから種子を播くと発芽が早まり、そろいもよくなります。とくに種子が小さい場合は、播種後に水をやると種子を流してしまう原因になるので、注意してください。

4 定　　植

畑へじかに種子を播く(直播)のではなく、育成された苗を植える作業です。

たとえば、キュウリを栽培する場合、春、暖かくなってから種子を畑に播いたのでは、収穫が始まる時期が夏休み近くになってしまいます。そこで、3月になったら種子を小さなポットなどに播き、ハウスで育成。本葉が4〜5枚出た状態の苗を、晩霜の心配がなくなってから畑に植えます。また、白菜では8月下旬に畑に直接、種子を播くと、ヨトウムシなどによる著しい虫害が心配です。そこで、ポットに種子を播き、寒冷紗《かんれいしゃ》(細かい目のネット)の中で育て、約1カ月後に畑に植え付けています。

定植は、その後の作物の生長の良し悪しを決める大切な作業です。以下の手順で行いましょう。

①移植ごてなどで、根鉢《ねばち》(根のまわりにある鉢土)よりひとまわり大きい穴(1.2〜1.3倍の大きさ)を掘る。

②ポットから苗を取り出す。イ

ラストのとおり、指と指の間に苗をはさんで、苗を傷めないようにそっと出す。このとき、苗を強く握って引っ張ったり、根鉢の土を落とさないように、気をつける。

③苗を植え穴の中央に置き、まわりにこんもりと土を盛る。そして、両手で軽く押さえ、苗がまっすぐ上を向くようにする。植え穴が深すぎると、根鉢が完全に土の中に埋もれ、根元が陥没してしまう。浅すぎる(根鉢が3cm以上、地表面から出ている)と、苗の安定が悪くなる。どちらも、その後の生長に悪い影響を及ぼす。

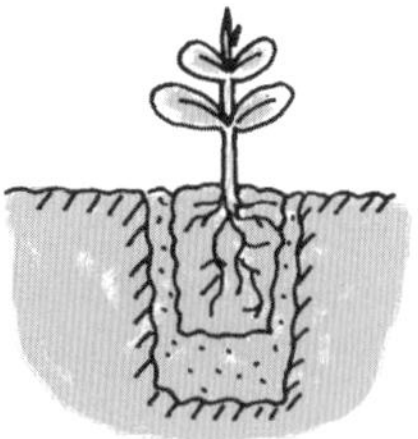

④苗を植え付けたら、水をやるためのスペースを周囲に設ける。直径15～20cm、高さ5cm程度のドーナッツ状の堤防をつくり、その中に水をたっぷりとやる。

5 灌《かん》水《すい》

植物に水を与えること。露地(屋外)で野菜を栽培する場合は、播種時や定植時にたっぷり灌水しておけば、その後は必要ありません。

播種時の灌水は、種子の吸水を促進させ、発芽までの時間を短縮させるとともに、発芽時期をそろえるうえで効果的です。定植時の灌水は、苗の根と土をしっかりと密着させ、苗が早く根付く(活着する)ために重要な役割を果たします。水を十分にやっていないと、根と土との間に空間ができ、活着するまでに時間がかかります。

定植時に水をやるときは、できるだけ葉など苗に水がかからないように気をつけてください。とくに気温が高いときは、葉に付いた水滴が高温になり、葉を傷める原因になるからです。

鉢物やプランターなど土の分量が少なく、土が乾燥しやすい場合は、播種や定植後も灌水が不可欠です。一方で、灌水は土の団粒構造を破壊し、単粒化を促進する原因となります。また、鉢物やプランターでは、下から水が流れ出るまでたっぷりと水をやらないと、通気性が悪くなり、根腐れの原因となります。水を上手に与えるキーポイントは、以下の２点です。

①灌水の回数をできるだけ少なくする(植物がしおれ始める直前まで、灌水を我慢する)。

②灌水するときは十二分に与える。

毎日、一生懸命お花に水をやっているのに、いつも枯らしてしまうとぼやいているあなた、灌水の方法を変えてみませんか。

6　追い播きと補植

種子を播いたり、苗を植え付けた後、時期をずらして再び播種することを追い播き、再び植え付けることを補植といいます。

追い播きをするのは、つぎの二つの場合です。

①種子を播いた後、1週間から10日ほど様子を見て、発芽していない場合。その場所(あるいはその近く)に再び播く。発芽しなかった部分を補うための作業。

②収穫時期をずらしたい場合。同じ作物を、時期をずらして、新しい区画に順々に播く。ただし、この場合、夏に向かう季節には後から播いたほうの生長が速いため、かなりずら

したつもりでも、収穫時期に大きな差が出ないケースもある。一方、冬に向かう季節は、「種子播きが１日ずれると、収穫が１週間程度遅れる」と言われるほど、差が大きい。寒さに弱い作物(大根やコカブなど)では、収穫できない場合もある。

一度定植した苗の生長がおもわしくない場合は、気づいた時点で補植を行います。ただし、定植から補植までの期間が長い(２週間以上ある)場合は、ポット苗をそのまま残しておくと、肥料切れや根詰まり(根が伸びて、ポットの中で巻いてしまう)を起こして苗が傷みがちです。そこで、教育農場では、天候や祭日などの都合で定植時期や補植時期が予定より大幅に遅れる場合には、一回り大きいポットに植え替え、育苗期間が延びても苗が良好な状態を維持できるように配慮しています。

7　除草とマルチ

茂った雑草を取り除く作業が除草です。有機農業では、取った草を“邪魔者”扱いせず、上手に活用します。まず、除草のコツを紹介しましょう。

①雑草は葉だけちぎっても、すぐに大きくなる。根元からしっかり持って根ごと引き抜くか、鎌で根を切る。

②引き抜いて、根に土が付いている場合は、地面にトントン

夏休み明け最初の授業は除草から

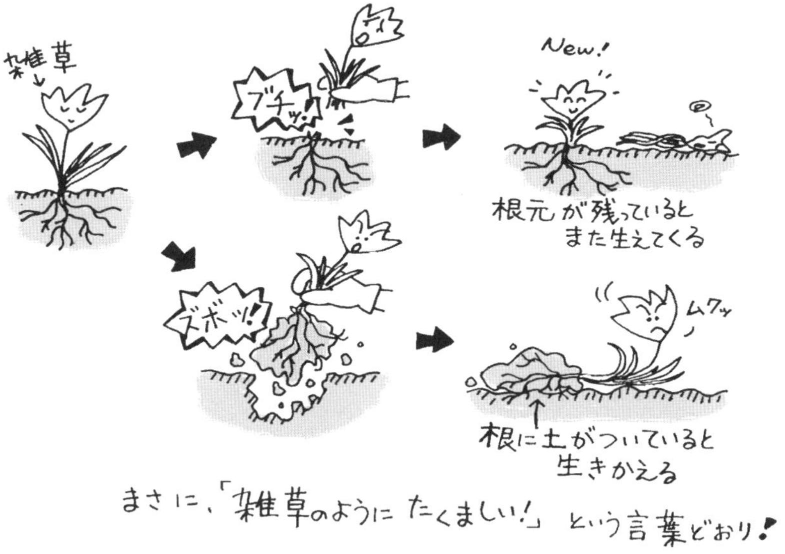
雑草
ブチッ
New!
根元が残っていると
また生えてくる
ズボッ!
ムワッ
根に土がついていると
生きかえる
まさに、「雑草のようにたくましい!」という言葉どおり!

と軽く叩きつけ、しっかり土を落とす。土が付いたままになっていると、その部分から再び根付いてしまう。天気がよいときは、土が付いているほうを上にして通路などに敷いておくと、短時間で乾燥して枯れ、よいマルチになる。

③鎌は軽く握り、刃が土と水平になるようにして、土の表面を削る感じで、雑草の根を切る。土を深く削るのではなく、鎌のわずかなカーブを利用した効率的な動きをマスターし

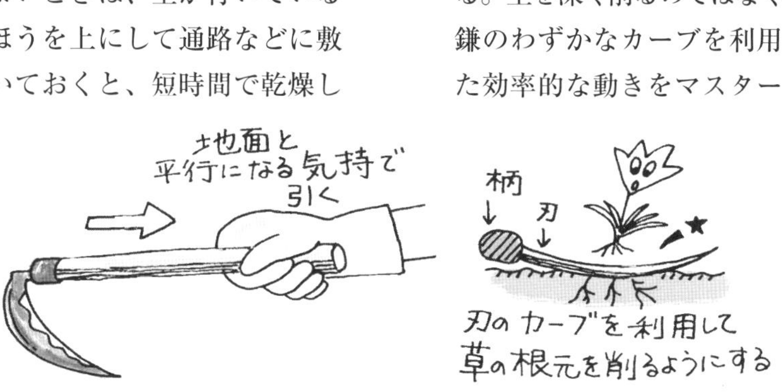
地面と
平行になる気持で
引く
柄
刃
刃のカーブを利用して
草の根元を削るようにする

よう。

④夏に、草丈が高く、引き抜きにくい雑草が茂ってしまったら、根元から刈って、その場に干しておくと、マルチで利用できる。

刈った草を根元に
敷いてマルチとして
利用
土も
しっとり

畑の地表面を覆うことや、覆う材料を、マルチング(略してマルチ)と呼びます。マルチの効果は、雑草を生えにくくする、土を乾きにくくする、泥はねを防いで病気の発生を抑える、保温、断熱とさまざまです。

一般には、ビニールや特殊な布などをよく利用します。最近では、使用後に土に還せる便利な資材(生分解性マルチ)も見られますが、土壌生物への影響など不明な点も少なくありません。

一方、剪定した枝を細かく刻んだ剪定枝チップ、造園屋さんの刈り込み枝、農場内の雑草などを活用すれば、土に有機質を入れられるし、後片付けのときもごみになりません。教育農場では、通路にもチップを敷き詰めています。

刈った草は昔から、天然のマルチとして、ごく当たり前に使われてきました。私たちの先輩は、畑の中や、その周辺にあるものを上手にリサイクルし、無駄なく使っ

写真の彼女は笑顔ですが、一番大変な作業は何といってもマルチでしょう

てきたのです。こうした環境にも配慮した知恵は、いま大いに学ぶ必要があります。邪魔者扱いされるだけでなく、敵視までされがちな雑草ですが、実は畑の強い味方にもなるわけです。ぜひ、上手に扱いましょう。

8 間《ま》引《び》き

作物が混みすぎないように、一部を抜く作業です。発芽後、混んだ部分の芽(苗)を抜いていきます。間隔、時期、回数、方法は、作物や目的によって異なります。

手で抜いても、かまいません。からんだり、抜きにくかったり、残したい根まで浮かせてしまう心配がある場合(チンゲン菜、ホウレンソウ、コカブなど)は、はさみを使って根元から切ってください。

作物が大きくなるタイミングにあわせて、徐々に株と株の間隔をあけていくのがコツです。たとえば、最初の週は指が１本入る程度の間隔にして、次週は指２本分に広げるようにするとよいでしょう。

間引きしたスプラウト(ツマミ菜。一時は「ツ・マミーナ」というお洒落な名前で販売された)には、高い栄養

どうして間引きなの？

Q　間引きするくらいなら、どうして最初にたくさん種子を播くの？

A　二つの理由があるの。

一つは、たくさん種子を播いても、発芽しなかったり、弱々しいものもあるから。ある程度育った段階でよさそうなものを選び、あとはかわいそうだけど抜いてしまう。つまり、保険をかけるという感じね。

もう一つは、発芽の段階からしばらくは、密度を高くしたほうが互いに雨風を防ぎ合ったりして、よく育つから。でも、だんだん大きくなるにしたがって、今度は間をあけないと、混雑して風の通りが悪いし、病気になったりしちゃうの。それぞれの生長段階に応じて適当な間隔にしてあげるわけね。

みんな立派に育っていても、やっぱり間引きは必要なのよ。

価があります。そのまま放置したり、捨てずに、持ち帰って食べましょう。

間引きの上級テクニックを2つ紹介しておきます。

①早く大きいものを収穫したい場合：大きいものを残し、小さいものを優先的に間引く。

②収穫を長く楽しみたい場合：小さいものを残し、大きいものを優先的に間引く。

9 誘《ゆう》　引《いん》

着果(果実がつくこと)の促進や、日当たりや風通しがよくなるように、ツルや枝を支柱やネットなどにひもで止める作業です。

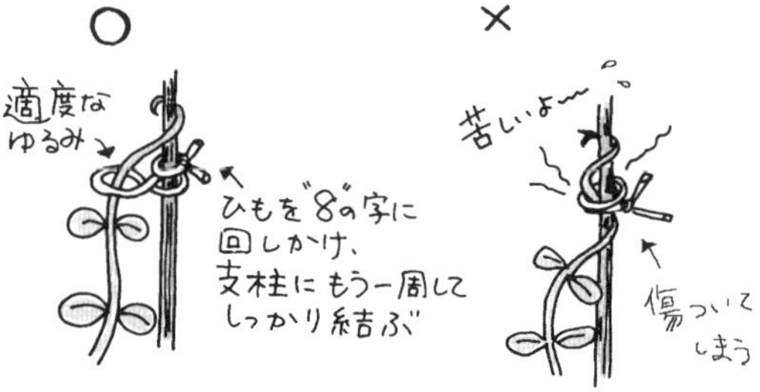

誘引ひもには、麻ひもなど天然素材を使用しましょう。使用後は、はさみで切ってそのまま畑に放置しても、土に還るので問題ありません。回収してごみに出す必要がないので、手間も省けます。小さいことではありますが、省力・省エネ・ごみ削減・環境保全につながります。

コツはひもを8の字型にまわすこと。苗にひもがくい込んで、気づいたときは「絞首刑」になっていた……なんてことがないように、傷をつけないように、気をつけましょう。

10 収穫と収量調査

いよいよ、待ちに待った収穫です。収穫に適した時期や方法は、作物ごとに異なります、コツをつかんで収穫しましょう。具体的な方法は52・53ページを参照してください。

収穫量を測る作業が収量調査です。日本では1反(10 a)あたりの収穫量を反収と呼びます。栽培して、収穫して、「ああ楽しかった、ああおいしかった」だけでは、大学の教育プログラムとしては失格です。収穫時には、必ず作物ごとの重量を測定し、記録をつけましょう。

こんなに立派な大根と白菜が収穫できました

収穫期間中の収穫量の変動、合計収穫量、畑の広さがわかれば、その野菜の旬、食料としての生産性の高さ、家庭菜園で自給するにはどのくらいの面積が必要かなどが、見えてきます。一定面積からどれくらいの収穫量が得られるかは、食糧問題を考える際の基本です。

11 貯　　蔵

野菜の貯蔵というと、すぐに冷蔵庫でと考える人が多いのではないでしょうか。しかし、それは間違いです。寒さには強いけれど暑さはダメとか、暑さには強いけれど寒いのはどうもという人がいるように、野菜の貯蔵方法も種類によって違います。

野菜が肉や魚と大きく異なる点は、収穫後に生きているかどうか。野菜は収穫後も生き、呼吸しています。貯蔵する場合には、野菜の個性を考えて、それぞれに適した方法で行いましょう。

①冷蔵庫（低温）が苦手な野菜

ジャガイモ、サツマイモ、里イモ、ショウガ、キュウリ、トマト、ナス、ピーマン、かぼちゃ、バナナなど。

②寒さに強く雪の中でも元気な野菜

ホウレンソウ、大根、白菜など。適当な温度と湿度が保たれる雪の中は天然の冷蔵庫。これを利用した雪中貯蔵という方法もある。これらの野菜は、寒さが増すと甘みが増しておいしくなる。

③家庭で比較的長く貯蔵できる野菜

根菜類(ジャガイモ、サツマイモ、里イモ、大根、人参など)、結球性葉菜類(白菜やキャベツなど)。

④貯蔵方法で鮮度が大きく違う野菜

ホウレンソウ、チンゲン菜など。

⑤利用しやすい形で貯蔵できる野菜

レタス類、ネギなど。

なお、具体的な貯蔵方法は54ページを参照してください。

第4章 野菜と花の上手な育て方

ここでは、教育農場で実践している個々の作物の栽培管理方法を紹介します。前提は、第３章の共通技術と同じです。

施肥は基本的に元肥のみ。施肥量は、15ℓ入りのポリバケツと移植ごてを用いて、たとえば牛糞堆肥をポリバケツ１／２杯なら牛糞堆肥㋩1/2杯、発酵鶏糞を移植ごて山盛り１杯なら鶏糞(移)山１杯というように表現しました。肥料置き場で、必要な分量をバケツに取り分けやすくするためです。文中では、教育農場の１区画0.9㎡に対する現在の標準施用量を示しました。

この施肥量は、畑の土の状態や使用する肥料の成分によって、調整する必要があります。たとえば、有機農業への転換直後で土の状態が悪い場合や、土が非常にやせている場合は、この２倍量の使用をお勧めします。その効果は、東京・南青山の子育て支援施設の園庭に新しく造成した小さな畑で実践済みです。一方、転換後５年以上経過した畑や病気が発生した場合には、施肥量を減らす必要があります。土壌養分(とくに窒素分)が過剰気味になり、問題が起きるおそれがあるからです。したがって、定期的に土壌分析を行い、土の栄養状態を確認しておくことも重要です。

◆ジャガイモ（ナス科）

栽培難度：易
栽培時期：４月中旬〜７月上旬
元　　肥：牛糞堆肥㊇1/2 杯、米ぬか(移)山２杯、鶏糞(移)山１杯
使用品種：男爵（キタアカリもお薦め）
種子イモの入手先：地元 JA

別名：馬鈴薯（バレイショ）、ジャガタライモ
学名：***Solanum tuberosum* L.**
英名：potato, Irish potato, white potato

入学したばかりの１年生が、授業初日に植え付ける作物です。種子イモの切り口に木灰をつけるとよいといわれているため、最初はつけていました。しかし、作業が煩雑になるし、つけなくても大きな問題がなかったことから、最近はつけずに植えています。また、関東地方ではジャガイモの植え付けは２月下旬〜3 月上・中旬に行われるのが一般的です。しかし、授業に合わせて４月なかばに植え付けたところ、大きな問題はないことが判明しました。雨で収穫ができないまま夏休みに入ってしまわないように、最終授業の１週前の７月上旬には収穫しなければなりません。そのため、イモは小ぶりで、収量は少なめですが、それでも学生は大満足です。

◆つくり方

＜施肥＞

元肥は、種子イモの上の部分にくるように、表層近くで土とよく混ぜておく。

＜植え付け＞

1) 購入した種子イモを用い、芽がだいたい同じ数になるように二つに切る。
2) 区画の真ん中にセンターライン

【1 週目：耕耘・元肥・整地】

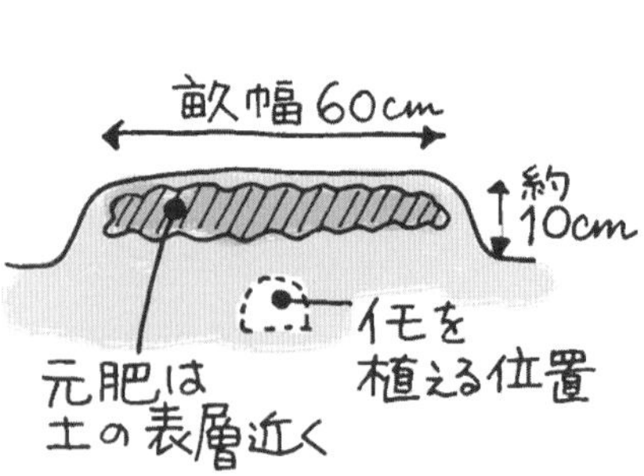

【1 週目：植え付け（準備）】

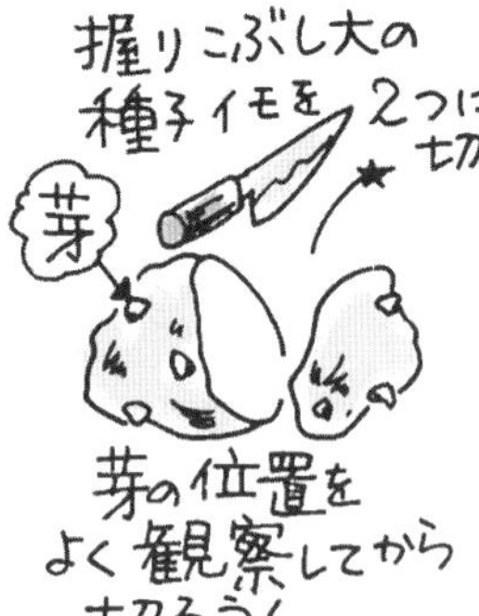
芽の位置をよく観察してから切ろう！

チェックポイント

①植え付け時：ジャガイモのつき方の予想、
　　　　　　種子イモの芽数と大きさ
②収穫時：ジャガイモのつき方、イモの数、
　　　　　大きさと収穫量

を引き、イモとイモが等間隔(約35 cm間隔)になるように、切った種子イモを置く。

3) 移植ごてで、イモの厚みの約3倍の深さの植え穴を掘り、中に切り口を下にして種子イモを置き、その上に土をかける。

この種子イモからどのように芽や根が出て、茎や葉が茂り、どこにイモができるのかを考えて、ノートに予想図を書く(60・61ページ参照)。その際、必ずノートの右半分を空けておき、そこに収穫時に自分の目で確認した図を描く。答えは、収穫時のお楽しみ。

＜芽かき＞

出てきた芽の一部を取り除き、本数を減らす作業。伸びてきた芽をすべて育てようとすると、繁茂しすぎて中まで光がよく当たらなくなり、モヤシ状態になってしまう。

立派なジャガイモを収穫するために、10 cm程度に成長したら、各株の勢いのよい芽を2〜3本だけ残し、他は根元から引き抜く。必ず片方の手で根元を押さえておいて、引き抜くのがコツ。

＜土寄せ＞

株の根元にこんもりと土を寄せる作業。土寄せしながら、周辺に生えている雑草も抜く。土を寄せたスペースは、ジャガイモが大きくなるためのベッド。立派なジャガイモを収穫するためには、両側からしっかりと土を寄せることが重要だ。しかし、

【1週目：植え付け】

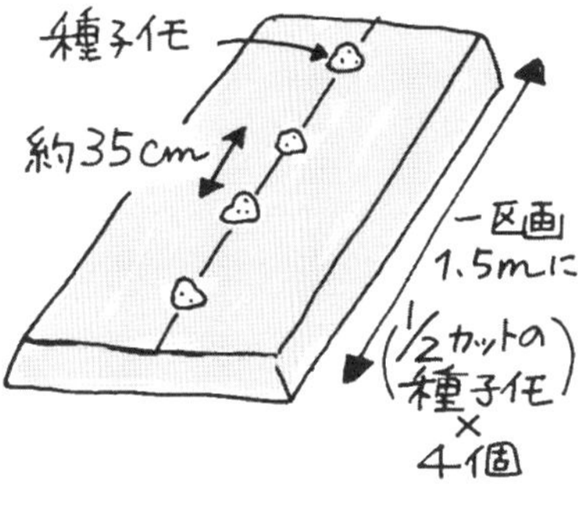

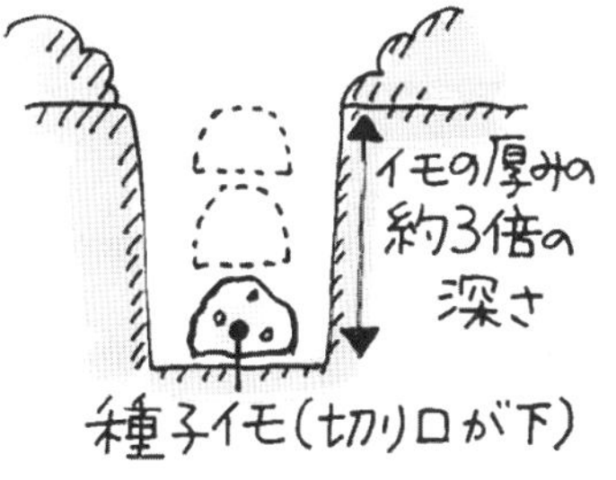

1度に厚くしてしまうと、地温が上がらず、イモの生長が遅くなるので、1週間に1度ずつ、2〜3回にわたって行うほうがよい。そのとき、寄せた部分に元肥として施した肥料が入るようにする。

土寄せが不十分だと、イモに日光が当たり、表面が緑色になる。緑色の部分には芽に含まれているのと同じ有毒成分ソラニンが含まれているので、食べられなくなってしまう。

モノカルチャーがまねいた飢餓

ジャガイモはチリ原産で、有史前にペルーに導入され、インカ帝国の重要な作物となりました。日本へは1601年にインドネシアのジャカトラ（現在のジャカルタ）港から長崎へ、18世紀にはロシアから樺太《からふと》経由で北海道に、渡来したといわれています。

ヨーロッパでは今日、ジャガイモは重要な食材となっています。普及の背景には飢饉《ききん》や戦争があったようです。

救荒作物として多くの人の命を救ったジャガイモですが、ヨーロッパでは19世紀に立ち枯れ病が大発生し、ジャガイモを主食としていたアイルランドでは数十万人もが餓死しました。その原因は、単一作物・単一品種の栽培に依存しすぎたため。同じ作物・品種を毎年、同じ畑に栽培すれば、それを好む特定の病気や害虫が大発生する危険性が高くなるのは自然の摂理ですね。

【4〜5週目：除草・芽かき・土寄せ】

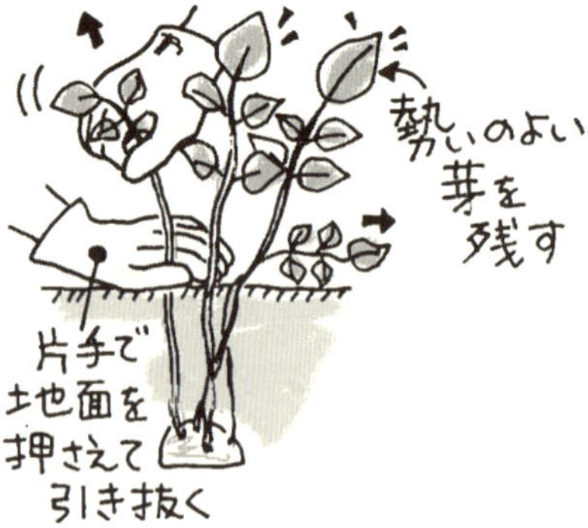
勢いのよい
芽を
残す
片手で
地面を
押さえて
引き抜く

こんもりと
土を
寄せる
このスペースで
イモが育つ

＜試し掘り＞

茎や葉が黄色くなって、枯れ始めたら、収穫時期が近づいてきた合図。株の根元の土を少し掘ってみよう。立派なジャガイモが確認できたら、次週はいよいよ収穫だ。

＜収穫・収量調査・試食＞

まず、茎の部分を鎌で刈り取り、通路に置く。そして、その茎の周辺をていねいに手で掘る。最初の一株は、種子イモがどこにあったのか、新しいイモはどこにできているのか、根はどこにあるのかなど、よく観察・確認しながら掘ろう。

植え付け時にノートに書いておいた予想図との差はいかに。なお、移植ごてなどの道具を用いる場合には、イモを傷つけないように気をつけること。

収穫後は、総収穫量を量り、総個数を数え、記録する。

もっとも小さい(500円玉程度の大きさ)ジャガイモを洗って鍋に入れ、茹で上がったところで試食。最初は何もつけずに食べて、素材の味を確かめる。自分でつくった、掘りたて、茹でたての味を楽しもう。

＜病害虫対策＞

収穫時期近くになるとオオニジュウヤホシテントウムシの姿が多く見られることがあるが、大きな問題にはならない。ただし、窒素分が多くなるとエキ病が発生しやすくなるので、元肥の鶏糞の量を減らしたり、ときにはゼロとするなどの注意が必要。

【6週目：マルチ→(10週目：試し掘り)→11～12週目：収穫・試食】

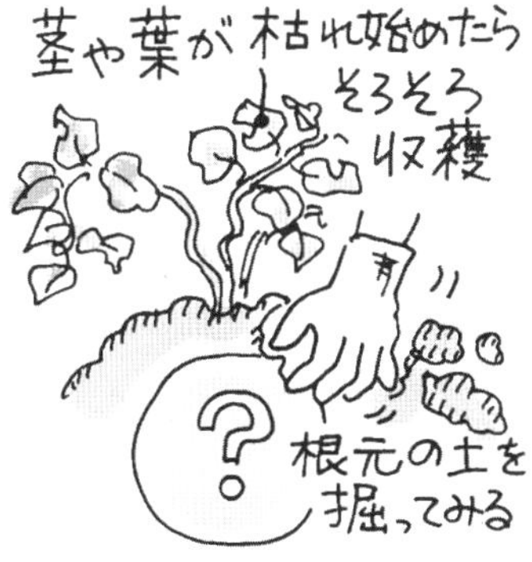

◆キュウリ（ウリ科）

栽培難度：中
栽培時期：5月上旬～7月中・下旬
元　　肥：牛糞堆肥㊇1/2杯、米ぬか㊫山2杯、鶏糞㊫山1杯
使用品種：夏すずみ、南極2号
苗の入手先：地元JA

別名：キウリ
学名：***Cucumis sativus* L.**
英名：cucumber
漢字名：胡瓜

支柱やネットにツルを這わせる方法と、地面を這わせる方法があります。ここでは支柱を使い、苗を植えるところから始めます。

農薬を使用しない栽培のコツは、葉やツルなどにできるだけ触らず、傷をつけないようにすることと、苗のまわりにマルチをしっかり敷くことです。とくに、雨や露で濡れているときは絶対に触らないのがポイント。植物の病気は、病原菌が傷口などから水といっしょに組織の中に入って広がることが多く、組織が柔らかいキュウリはその影響を受けやすいからです。また、雨が降って泥が跳ねると、土の中にいる病原菌が侵入しやすくなります。苗の周辺の除草だけして土をむき出しにしておくぐらいなら、雑草を生やしたままにしておいたほうが病気になりません。

なお、キュウリが曲がるのは、有機栽培だからではありません。株が健康で、力があれば、まっすぐな実をつけます。苗が疲れてきたり、高温などで環境条件が悪くなると、曲がったり、種子の入り方に偏りが生じて、実の先端部分だけ肥大したり細くなったりします。「キュウリの形は株の健康状態を示すバロメーター」なのです。

◆つくり方

＜耕耘・元肥・整地・支柱立て＞

定植を行う1～2週間前の週に、畑を耕し、元肥を入れ、整地し、支柱を立てておく。

支柱の立て方には右のイラストに示したような3つの方法があるが、ここでは合掌式を用いる。

支柱と支柱の間隔は50cmで、苗を植える間隔と同じ。苗を畑の中央部分に植えるために、支柱はその外側に斜めに挿す。このとき挿し方が不十分だと、風や重みで支柱が倒れてしまうおそれがある。挿した支柱は目の高さで交差させ、その上に横に支柱を渡し、3本の支柱が交差している部分を麻ひも(長さ80cm)でしっかり留める。

これは自分の区画だけでなく、隣近所の区画の人たちとの共同作業となる。みんなの心がひとつになれば、きれいで、しっかり仕上がる。

＜定植＞

晩霜の心配がなくなる5月の連休

チェックポイント

①定植時：本葉の枚数、葉の付き方
②生育途中：雌花(実がなる花)と雄花(実がつかない花)、巻きひげ(葉が変形したもの、これで支柱などに巻きつく)、脇芽の発生
③収穫時：収量調査、いろいろな料理方法

明け(多摩地区では4月下旬まで晩霜の心配がある)に、畑に植え付ける。苗は予約注文しておくので、農家は私たちの定植時期に合わせ、3月なかばごろに播種し、育苗してくれる。

野菜づくりは苗半作ともいわれ、苗の良し悪しができ具合に大きく影響する。新学期に入ってから種子を播いて栽培しようとすると、収穫時期が夏休みに入ってしまうため、この方法(早熟栽培と呼ばれる)を採用している。定植の具体的な方法は97・98ページを参照。

＜誘引＞

定植後1週間ぐらい経つと、ツルが伸びて地面を這い始める。そこで、麻ひもを使って支柱に結ぶ。麻ひもはあらかじめ約20 cmに切っておく。

結ぶとき、ひもでツルをギロチン状態にしないように、8の字型に回すことが大切。支柱側のひもは支柱からずれ落ちないようにきつめに(2重巻きにするとよい)、ツル側は余裕をもって結ぶのがコツ(104ページ参照)。

脇芽が垂れて地面に着いたり、風通しが悪くなったりすると、病害虫が発生しやすい。垂れて地面についてしまった脇芽から伸びた側枝は、適宜、誘引する。傷んでいたり、繁りすぎている部分の脇芽は、はさみ

【1週目(定植1〜2週間前)：耕耘・元肥・整地・支柱立て】

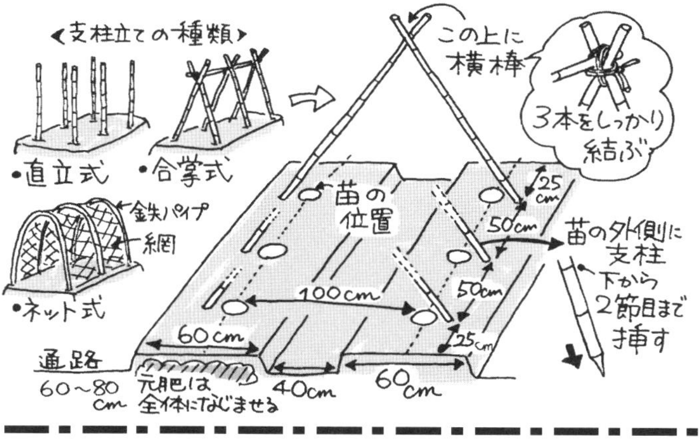

で切り落とす。

＜摘蕾（摘花）＞

蕾や花を摘むこと。下から５節目（本葉５枚目）までに付いた蕾や花をすべて取り除く。理由は、小さいうちから実をつけさせてしまうと、苗がしっかり育たないから。せっかくついた蕾や花を摘み取るのは残念だが、６節目からに期待して摘み取ろう。

＜収穫・収量調査＞

最初に実った２〜３本は、少し早めに（15 cm 程度で）収穫する。市場では長さ 21 cm・重さ 100 g 程度が好まれるという。しかし、店頭に並んでいるものより少し太めのほうが、風味や貯蔵性に優れる。店頭でよく見るものより、少々太めのキュウリになるまで待ってから、収穫してみよう。

収穫は、果実とツルの間（果柄・果《か》梗《こう》と呼ぶ）をはさみで切るか、くるくる回して引っ張る（52 ページ参照）。ツルにダメージを与えないよう、また葉や茎に触らないように、気をつけること。

キュウリの生長は非常に旺盛なので、授業のときだけ（週に１度）では、大きくなりすぎてしまう。少なくとも週に２〜３回は畑に行こう。収穫したら必ず総収穫量を測定し、総収穫本数とともに記録する。

大きい実をいつまでもつけておくと、苗が弱ってきて、寿命が短くなる。早め早めに収穫すると、苗の勢いを回復できる。一方、たくさん採れすぎて困ったときは、少し大きくしてから収穫すると、苗の勢いを弱

【3 週目：定植・敷き草マルチ→4〜6 週目：補植・誘引・除草・敷き草マルチ・摘蕾《てきらい》→8 週目以降：誘引・除草・マルチ・収穫・収量調査】

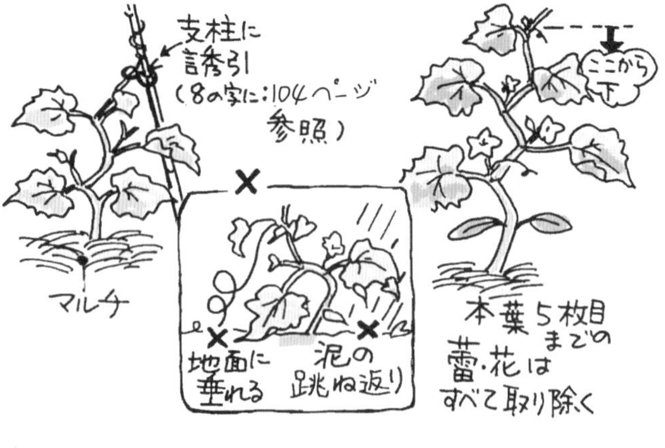

められる。

収穫したら、そのまま畑でがぶりと食べたり、大きさによる味の違いを比べたり、中国風にゴマ油で炒めたりピクルスにしたり、食べ方を研究してみよう。とれすぎて困ると嘆くのではなく、旬の味をどう生かすかの工夫が大切。

収穫が完了したら、収穫日と収穫量の関係をグラフに表し、両者の関係を見る。また、この方法で1haの畑に栽培した場合、何トン収穫できるかも、計算してみよう。

＜病害虫対策＞

おもな病気はベト病とウドンコ病(葉の表面に白い粉を生じる)、害虫はウリハムシとアブラムシ。ただし、特別な対策はとらない。

下の葉から広がっていくベト病や定植直後につくウリハムシは、苗に勢いがあれば問題にはならない。肥料(とくに窒素分)が多すぎる場合には、アブラムシが発生することもあるが、大きな被害が出たことはない。

苗が疲れ、気温が高くなってくると、ウドンコ病が出たりベト病の被害が目立つ。だが、そのころまでにはある程度、満足いく量が収穫できているはず。教育農場では無理に寿命を延ばそうとせず、苗にご苦労様と感謝の言葉をかけて、枯れたものから片付ける。キュウリが疲れて息絶えるころ、大学は夏休みに入る。

長く食べ続けるための工夫

キュウリはインド西北部(シッキム地方)原産とされ、3000年以上前から栽培されてきました。日本へは8世紀に中国南部の系統(華南型)が、江戸～明治時代に中国北部の系統（華北型)が渡来したといわれ、『本草和名』(918年)に記載があるそうですが、江戸時代後期までは重視されませんでした。

今日では生食用・加工用とも各民族に好まれ、世界的に重要な蔬菜です。生で食べられることが多いですが、19世紀まではスープやシチューなど火を通して食べていました。中国ではいまも加熱して食べるのが主流です。

家庭菜園で長く食べたいときは、大きくなる前にこまめに収穫することがポイント。また、6月中・下旬に有機質肥料で追肥を行い、肥料切れが起きないようにしましょう。さらに、苗を定植するとき、ポットに種子を播いて苗をつくっておき、それを後から植えると、秋まで収穫できます。

◆サトイモ（サトイモ科）

栽培難度：易
栽培時期：5月中旬～11月上旬
元　　肥：牛糞堆肥㊇1/2杯、米ぬか㊢山2杯、鶏糞㊢山2杯
使用品種：土垂れ、在来種
苗の入手先：地元JA

学名：*Colocasia esculenta* Scott
英名：taro, dasheen
漢字名：里芋

教育農場でとれる野菜のなかで、ホウレンソウとともに、とくに味がよいと評判です。毎年、家に持ち帰った学生の家族から、「おいしいので、もっとほしい」とリクエストが出されるほど。学園祭の販売でも、大人気です。

教育農場では２人１組の区画ではなく、授業のクラス単位で栽培管理をしています。植え付け後、夏休みに入る前に、除草作業をていねいに行い、マルチをしっかり敷いておけば、あとはほとんど手がかかりません。栽培のコツは、梅雨明け前にしっかりマルチを敷いて、夏の乾燥に備えることです。生育の良し悪しは、夏の乾燥対策によって決まると言っても、言いすぎではありません。5月～11月まで、1カ月に１回ぐらい畑を見るだけで、十分に収穫まで到達できます。

小さな区画単位での管理も可能ですが、１株１株が大きくなるために、種子イモと種子イモとの間隔を広くあける必要があり、１区画に植えられる個数は少なくなります。夏場に大きく茂った葉を見ると、誰もがトトロの傘を連想するようです。

◆つくり方

＜耕耘・整地・元肥＞

前年度の収穫終了時に御礼肥を施し、元肥とする。したがって、植え付け時には耕耘と整地のみを行う（ただし、植え付け時に元肥として施用しても問題はない）。

耕耘に取りかかる前に、鎌を用いてまず通路から除草し、取った草は除草が終わった通路の部分へ順々に敷いていく。通路と植え付け予定部分の区画の除草が終了したら、耕耘して、整地後、通路と平行方向にセンターラインを引く。

＜植え付け＞

1）センターラインの上に60 cm間隔（移植ごて２本分の長さ）で、種子イモを置いていく。

2）端から端まで並べ終わったら、置いてある位置に移植ごてで種子イモ約３個分の深さの穴を掘る。

3）芽を上にして、植え付ける。

植え付け前に種子イモを手にとって、芽の出る方向をよく確認すること。チューリップの球根などとは、芽が出る方向が違う。また、端から端まで種子イモを並べる前に植え付け作業を開始すると、どこに植えた

①定植時：種子イモの芽のつき方、芽の方向、イモのつき方の予想
②収穫時：イモのつき方、親イモと子イモ
③親イモと子イモの味比べ、親イモを使った料理

【1 週目：耕耘・整地・植え付け】

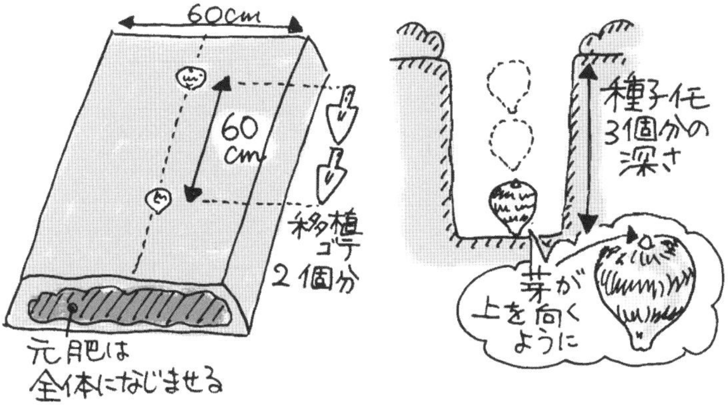
60cm
60 cm
移植ゴテ
2個分
元肥は
全体になじませる
種子イモ
3個分の
深さ
芽が
上を向く
ように

のかわからなくなってしまうので、注意しよう。

4）土をかけ、乾燥しないように、上を軽く押さえる。

＜除草・マルチ＞

1）芽がはっきり確認できるように

【4 週目～夏休み前：除草・マルチ】

芽の周囲の
草は手で取る
刈り草や剪定枝で
しっかりマルチ

なったら、鎌を用いて、自分の足元の通路から徐々に草を刈って、通路に敷く。

2) 植えてある部分については、芽が出ている場所の周囲の草を手で取った後、周辺部分を鎌で刈る。

3) 取った草は通路や根元に敷く。

4) 除草が終了したら、植木屋さんなどから入手した刈り草や、剪定枝などを用いて、土が見えなくなるまでしっかりマルチする。

＜収穫・調整・収量調査＞

収穫の際は、必ず軍手など作業用手袋を着用する。切り口から出る汁液は衣服に付くとシミになり、肌に付くとかぶれることがあるので、気をつけよう。

1) 鎌で地上部から 20 cm 程度を切り、切り取った葉は通路に置く。

2) 茎を中心に、半径 30〜40 cm 程度の円周上にスコップを入れ、掘りあげる。

3) 親イモから子イモをはずし、イモから出ている根はすべて手で取り除く。親イモの場合は、包丁を使って根を切るとよい。

4) 親イモから出ている茎の部分を切り落とす。

5) 親イモと子イモを別々の容器に入れて重量を量り、記録する。

親イモと子イモの区別の目安は、つぎのとおり。

親イモは、イモの太さと茎の太さが同じ程度。子イモは、親イモに比べて茎が大幅に細い。

収量調査が終了した子イモは指定

【10 月下旬〜11 月上旬：収穫・調整・収量調査】

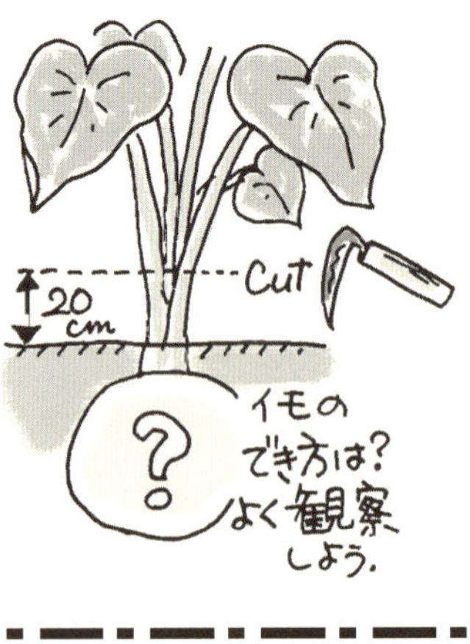

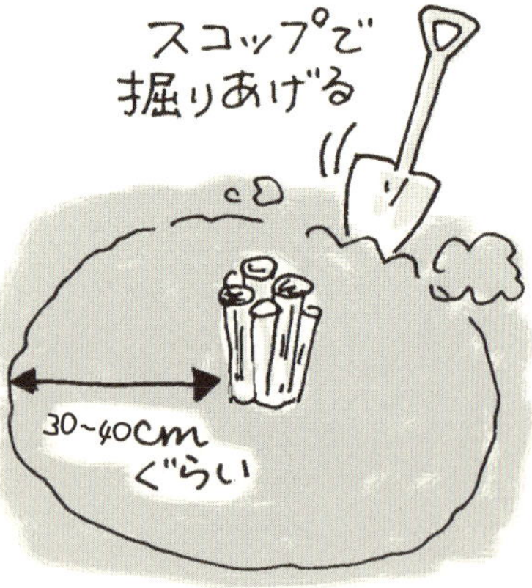

した分量ずつ、親イモはほしいだけ自由に持ち帰るようにしている。店頭ではめったにお目にかかれない親イモを一度食べると、その味が忘れられない学生も少なくないようだ。

＜貯蔵＞

乾燥させないように、寒さ(5℃ 以下)にあてないように注意する。家庭では、新聞紙に包み、段ボールなどに入れて貯蔵するとよい。

＜病害虫対策＞

問題になる病害虫はない。

食文化や農耕の発達と結びつきが深い

里イモの原産地は、インド、セイロン(現在のスリランカ)、スマトラ島、マレー半島とする説、インドおよびこれに隣接する中国とする説、インドネシアとする説の３つがあります。少なくとも食用となる栽培種の起源は、インドからマレーシアにかけての東南アジアと考えられています。

日本への来歴については何もわかっていません。稲作以前の焼畑農耕のなかでつくられるようになったと考えられており、『本草和名』や『延期式』(927年)に記載があります。

熱帯地方の国々では主食です。中国や日本ではイモの蔬菜的利用が主ですが、葉柄(「ずいき」と呼ばれる)も利用しています。おもに子イモを用いる品種と、ずいきや親イモを用いる品種があります。欧米では、ほとんど食用にされていません。ニュージーランド北部、オーストラリア、太平洋諸島では、「タロ」と呼ばれる品種群が栽培されています。

里イモは、日本でもっとも古くから栽培されている作物で、食文化や農耕の発展に深く結びついているようです。いまでは少なくなりましたが、かつては里イモにちなんだお祭りが広く行われていました。

中秋の名月を芋名月と呼び、お月見に里イモを供えて食べる習慣や、出産・正月・お盆などの祝い事に里イモを使う風習は、いまでも見られます。京都では、北野天満宮の秋祭りが「ずいき祭り」と呼ばれてきました。みこしの屋根が里イモのずいき(葉柄)でふかれ、四隅の柱が親イモを彫刻した獅子頭で飾られています。

なお、里イモは山イモに対する呼び方で、里(村)につくるイモという意味があるそうです。

◆サツマイモ(ヒルガオ科)

栽培難度：易
栽培時期：5月下旬〜10月中旬
元　　肥：草木灰㊙山2杯
使用品種：ベニアズマ
苗の入手先：地元JA

別名：カンショ
学名：*Ipomoea batatas* Poir.
英名：sweet potato
漢字名：甘藷、甘薯

もっとも肥料が少なくてすむ作物で、やせた土地でもよくできます。ツルが長く伸びる前(夏休みに入る前)に少していねいに除草するだけで、あとは手がかかりません。肥料が多すぎると、イモは小さくて繊維が多く、食味が劣ります。有機農業では、転換直後の地力の低い畑ではよいものができますが、地力がついてくると、ツルばかり繁りがち。したがって、つくる予定の畑には前作終了時に御礼肥を入れない、元肥を他と別にするなどの注意が必要です。

◆つくり方

＜畝立て＞

作物を植えるために、畑に土を盛り上げる作業。盛り上げた部分を畝《うね》と呼ぶ。植え付け1〜2週間前に、幅約50 cm、高さ20〜25 cmの畝を立てておく。畝が大きく、土がたっぷりあれば、適度に地温が上がり、通気性と湿度が保たれる。サツマイモにとって畝はいわばベッドのようなもの。居心地のよい、立派なベッドが提供できれば、立派なサツマイモ

【1週目(定植1〜2週間前)：除草・畝立て】

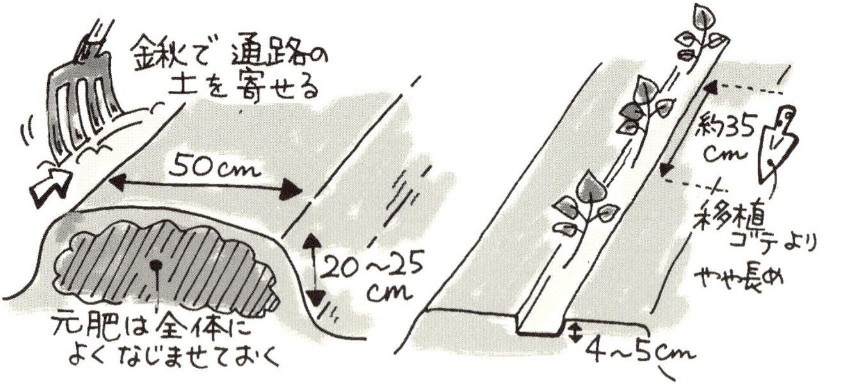

①定植時：苗の節の数と節の状態、節からの発根、発芽の有無、イモのつき方の予想
②収穫時：イモのつき方、数、大きさと収穫量

が育つ。

＜定植＞

購入苗を使用している。定植に適しているのは、雨が降りそうな日の前日。気温が高い晴天時に植え付けなければならない場合は、植え穴にたっぷり水をやってから、苗をイラストのように置き、土をかける。

晴天時は苗の植え傷みが多くなるので、補植用の苗が多めに必要。また、植え付け時の天候によって、苗の活着率に大きな差が生じる。とくに、授業のように一定の時間枠のなかで植え付けねばならない場合は、天候によって補植に必要な苗の数が大きく変わる。この点を考慮して、少し多めに苗を注文しておこう。

イラストのとおり、節の数の半分程度が土の中に入り、土中の部分が水平になるように、植え付ける。苗を植えたら、たっぷりと水をやる。

＜除草・マルチ＞

ツルが長く伸びる前に鎌で雑草を取り、刈り草などとともに、たっぷりとマルチをしておく。鎌を使うときは、せっかく根付いた苗を刈り取ってしまったり、傷つけたりしないように、根元まで鎌を入れないこと。

一度ていねいに除草しておけば、大きな雑草は登場しない。8月なかご

【2週目：定植→3〜4週目：補植、マルチ→(除草)】

ろまでには、畑全面がサツマイモのツルで覆われる。そのまま収穫期まで、手を入れる必要はない。ところが、小さな雑草を見落としていると、夏の間に人の背丈ほどの立派なアカザやホソアオゲイトウが出現してしまう。

＜試し掘り＞

10月に入ったら、ツルの根元の部分の土をそっと手で寄せてみて、イモができているかどうか確認する。太ったイモが確認できたら、いよいよ次週が収穫だ。

＜収穫・収量調査＞

茎の部分を少し残して、地上部を鎌で切り取った後、茎の周辺をていねいに掘っていく。移植ごてなど道具を使用する場合には、イモに傷をつけないように注意しよう。収穫後は総収穫量を量り、合計本数を数えて記録する。

洗わずに1週間〜10日程度、日光に当てて乾かしてから、食べる(または貯蔵する)。イモの中のデンプンが糖に変わり、収穫直後より甘みが増して、おいしい。

＜貯蔵＞

低温にあうと腐りやすくなるので、冷蔵庫には入れない。10℃以下の低温に長時間さらされると、病気に対する抵抗性(耐病性)が下がり、腐ってしまう。貯蔵適温は13〜14℃。一般家庭では、新聞紙に包んで段ボールなどに入れ、暖房の入っていない部屋で貯蔵するとよい。

＜病害虫対策＞

とくに大きな問題となる病害虫はない。年によっては、葉を食べる大型(4〜5 cm)のナカジロシタバの幼虫に出会うが、収穫に影響を与えるほどではない。

【10月上旬：(試し掘り)→10月中旬：収穫・収量調査→11月中旬：焼きイモ】

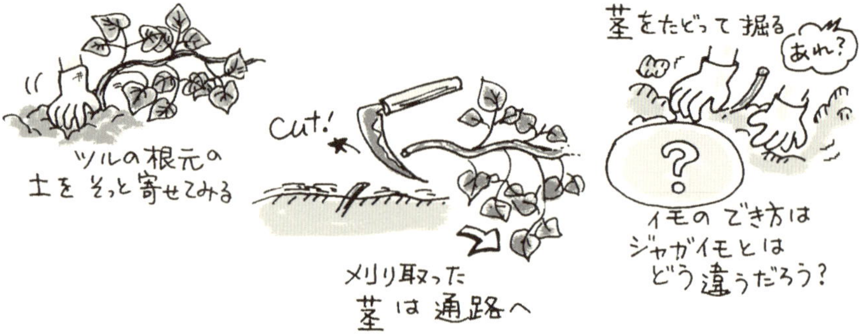

＜焼きイモ＞

焼けるまで、学生はその日の作業を行い、スタッフが畑の片隅で薪を燃やし、オキ(55ページ参照)をたくさんつくり、イモを焼く。授業の後半に、みんなで焼きイモを楽しむ。焚き火に当たる機会がほとんどない今日、焼きイモを通じて火(煙)の匂いや暖かさを肌で感じることは、五感を養ううえで非常に重要だ。

飢えを救った救荒作物

サツマイモの原産地はメキシコからペルーに至る熱帯アメリカと見られ、なかでも有力視されているのはメキシコの太平洋岸からメキシコ湾にかけての地域です。伝播ルートは、以下の3つがあるといわれています。

①1492年のコロンブスのアメリカ大陸発見にともなうもの。

②16世紀以降のスペイン人による、メキシコからハワイ・グアムを経て、フィリピンへのルート。

③有史以前における、ペルーからマルケサス島(ポリネシア)を経て、イースター島(チリ領)・ニュージーランド・ハワイ、そしてポリネシア、ニューギニア島へ。

「クマラ・ルート」と呼ばれる③で伝わったというニュージーランドでは、現在でもサツマイモを「クマラ(Kumara)」と呼び、日本と異なるタイプのものも見られます。

日本へは、1597年に中国から宮古島に入ったのが最初とされ、沖縄島へは1605年に福建《ふっけん》(中国)から、鹿児島へは1612〜13年にルソン島(フィリピン)から、長崎へは1615年に沖縄からイギリス船によって伝えられたといわれています。その後、鹿児島や長崎では救荒作物として急速に普及しました。関東地方に広がったのは18世紀なかば、全国に広く普及し始めたのは江戸時代末期です。

やせた土地に適したサツマイモは、暖かい地方であれば、どこでも簡単につくれます。それで、宮古島や沖縄島に導入されたころ、多くのいのちがサツマイモによって救われたそうです。しかし、当時は九州や本州との交流がほとんどなく、その有効性は伝わりませんでした。救荒作物としてのサツマイモに注目が集まるようになったのは、九州に伝わってからです。

土壌中の養分が多いと、ツルばかり茂ってしまって、イモがあまりつきません(「ツルボケ」という)。味も悪くなります。

◆ハクサイ（アブラナ科）

栽培難度：中
栽培時期：9月下旬～1月下旬
元　　肥：牛糞堆肥㊇1/2杯、米ぬか(移)山2杯、鶏糞(移)山1杯
使用品種：金将2号
種子の入手先：大手種苗会社

学名：*Brassica campestris* **L.（pekinensis group）**
英名：chinese cabbage, pe-tsai
漢字名：白菜

長い夏休みを終え、秋学期の最初の授業で、春にキュウリを栽培した畑に大根とともに植えます。授業開始時には草に覆われていた畑が、終了時には立派な畑に変身します。大変な作業ですが、学生もスタッフも大きな達成感を感じられる授業の一コマです。

購入した苗ではなく、学内で育成した有機苗を定植します。有機栽培への転換直後は育苗に化学肥料を使用していたこともありましたが、スタッフの努力の結果、いまでは有機種苗を大量生産できるようになりました。

種子播きの適期が短いうえに、病害虫がつきやすく、無農薬栽培は非常にむずかしいといわれています。そこで、栽培難度は中としました。しかし、教育農場では、雨などで定植の時期が大幅に遅れないかぎり、毎年3kgを越える立派な白菜が収穫できています。その理由は、育苗、適期適作、輪作、土づくり、つまり有機農業の基本が守られているからでしょう。毎年、最後の授業で芯の部分を生で食べますが、そのおいしさに誰もが感激しています。

【（夏休み中：播種・育苗）】

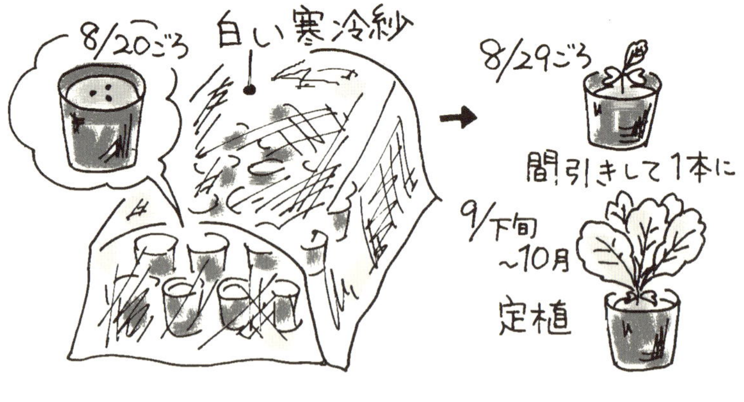

チェックポイント

①葉の成長の仕方、結球の仕方
②いろいろな食べ方

◆つくり方

＜播種・育苗＞

種子播きの適期は短く、関東地方以西では8月20〜25日といわれている。教育農場では毎年8月20日前後にポットに播種し、害虫を避けるために白色の寒冷紗(細かいネット)の中で苗を育て、授業に備える。種子は9cmポットに2〜3粒ずつ播き、播種後10日前後で1ポット1本に間引きし、9月下旬に定植する。

育苗用土は、黒土6、腐葉土6、赤玉土4、バーミキュライト*4、発酵鶏糞1の割合で調合。土はホームセンターなどで購入し、発酵鶏糞は畑で使用しているものと同じ。

授業日程の都合で定植時期が遅れる場合には、播種時に一まわり大きいポットを使用したり、途中で一まわり大きいポットに移植するなど、肥料切れや根詰まりが生じないように対応している。

畑の土を育苗用に用いるときは、ヨトウムシなど害虫の卵が含まれていて、播種後に寒冷紗の中で発生する心配がある。よく注意しよう。

＊バーミキュライト：ひる石(鉱物)を高温加熱したもの。通気性、透水性、保水性に優れ、保肥性も高い。

＜耕耘・整地・元肥＞

大根と1区画を共有する。方法は128・129ページ参照。

【1週目：耕耘・整地・元肥】

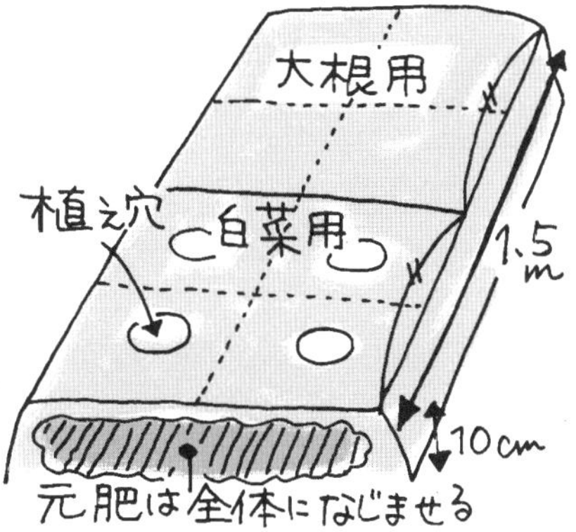

＜定植＞

1区画を2等分し、半分に白菜の苗を定植する(残りに大根の種子を播く)。

白菜用区画は4等分し、それぞれの区画の真ん中に1本ずつ、合計4本植える。苗の取り扱いはていねいに。深く植えすぎないことと、植え終わったときに苗がグラグラせず、まっすぐ上を向いているように植えることがポイント。

植え終わったら、たっぷりと水をやろう。寒さに向かう時期なので、苗の植え方がその後の成長に大きく影響する。

【1 週目：定植】

深く
植えすぎない
ように!

＜補植・観察＞

定植１週間後の時点で、苗の中央部から新しい芽が伸びてこなかったり、しおれていれば、補植(植え替え)を行う。補植が 10 月中旬以降になると、十分に大きくなる前に寒くなってしまい、結球は期待できない。植え付けた時期と葉の成長、結球や害虫の有無をよく観察しておこう。

＜収穫＞

頭を押さえてみて、中が堅くしまっているものから、包丁を用いて収穫する(53 ページ参照)。強い霜が降りると傷むので、初霜が降りたら、外側の葉でくるんで、ヒモでしばるとよい。

＜貯蔵＞

収穫後は新聞紙に包んで冷暗所に置いておけば、２カ月ぐらいは問題な

【(補植・観察)→12 週目～：収穫・収量調査→1 月中・下旬：試食(御礼肥)】

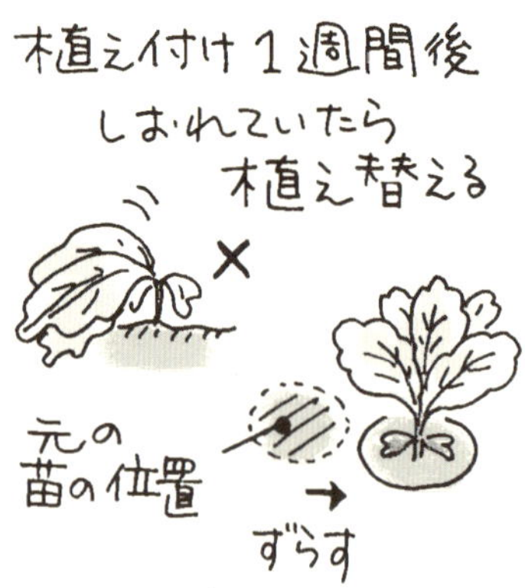
植え付け１週間後
しおれていたら
植え替える
×
元の
苗の位置
ずらす

年越しさせる場合には
12月中旬に
ヒモでしばる
外葉で
くるむ

く貯蔵できる。

＜病害虫対策＞

気温が下がっていく時期でもあり、大きな影響を及ぼす害虫や病気はない。ただし、気温が十分に下がりきるまでの間、葉にヨトウムシ類などの幼虫がついて、穴だらけにする場合もある。これらの幼虫を見つけたら、捕まえてつぶす。

暖冬の年や秋に雨が多い年には、葉が縮んだり黄化するウィルス病や、株全体が軟化する軟腐病が見られることもある。とはいえ、さほど大きな問題にはなっていない。

＜家庭菜園へのヒント＞

自分で育苗する場合は、害虫の卵の混入の心配がない土(購入した土など)を鉢土として用い、前記に準じた方法で行う。必ず、寒冷紗などネットの中で育苗すること。これを怠ると、葉がなくなってしまう。育苗期の害虫管理は重要。

9月中・下旬までに定植すれば、害虫の密度が大幅に減少する時期に栽培できる。病気の発生を防ぐために、狭い畑であっても最低3つの区画を設け、輪作を心がけよう。植え付ける少し前に完熟堆肥など良質の肥料をたっぷり入れておくことも重要。

定植してしばらくは、葉を食べる虫に出会うかもしれないが、そのままにしておいても最終的には立派な白菜ができる。気になる場合は、虫を取り除く。寒くなれば、自然に虫に出会わなくなる。

戦争をきっかけに普及

白菜の祖先は、地中海から北・東ヨーロッパやトルコ高原に分布していました。東洋に渡り、中国を中心に改良され、とくに中国北部で分化・発達したと考られています。原始型は、体菜《タイサイ》(パクチョイ類)とカブとの自然交雑とされ、10世紀ごろは不結球(葉が巻かないタイプ)でした。その後に選抜されて、半結球、さらに結球ハクサイへと進化したとされています。

日本へ初めて導入されたのは1866年、本格的な導入は1875年といわれています。とくに、日清・日露戦争を契機にその優秀性が帰国した兵士たちによって伝えられ、広く使われるようになりました。現在、キャベツとならんで、もっとも重要な葉菜類のひとつです。

◆ダイコン(アブラナ科)

栽培難度：易
栽培時期：9月下旬〜1月下旬
元　　肥：牛糞堆肥㋩1/2杯、米ぬか㋮山2杯、鶏糞㋮山1杯
使用品種：YRくらま
種子の入手先：大手種苗会社
別名：スズシロ
学名：*Raphanus sativus* **L.(daikon group)**
英名：daikon, Japanese radish
漢字名：大根

白菜とともに、夏休み終了後、最初の授業で種子を播きます。生育を考えると、8月下旬〜9月中旬に播種することが望ましいのですが、秋学期の授業が始まるのは早くても9月20日過ぎ。これは秋播きの播種時期としてはぎりぎりのタイミングで、でき具合は秋から初冬にかけての天候によって大きく影響を受けます。

最近は、温暖化の影響で秋から初冬の気温が高い年が多く、9月下旬に播種しても、冬休み前に立派な大根が収穫できることもあります。大根のでき具合から、その年の気象状況がわかるといえるでしょう。

◆つくり方

＜耕耘・整地・元肥＞

30cm程度の深さまで土をよく耕す。大きな枝など根が伸びる際に障害物となるようなものは取り出し、通路に置く。元肥を入れた後、ていねい

【1週目：耕耘、整地・元肥・播種→（2〜3週目：追い播き）】

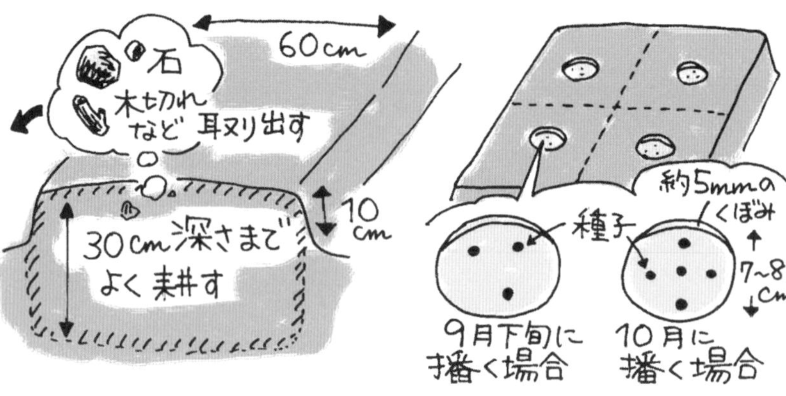

チェックポイント

①播種時期と成長の早さ
②子葉(最初に出てくる2枚の葉)と本葉(子葉に続いて出てくる葉)の形の違い
③間引き菜や葉の利用

に整地して区画を2等分し、それをさらに4等分する。

＜播種＞

播種時期の遅れは生長に大きな影響を及ぼす。4等分した真ん中の直径7～8 cmの円内に、通常は3粒ずつ、降雨などで播種時期が10月にずれ込んだ年は十字形に5粒ずつ、点播きする。播く場所にあらかじめ水をやっておくと、発芽が早くそろう。覆土は種子の厚みの2～3倍。

＜追い播き＞

1カ所あたり1本以上、4カ所で4本以上芽が出ていれば、必要ない。1本も出ていないところがあれば、播種した場所ではなく、その近くに追い播きする。確実に発芽させるために、播種するところに必ず水をやってから種子を播こう。

＜間引き＞

本葉が5～6枚出て、隣りの大根とぶつかり合いそうになったら、各カ所で一番元気のよいものを一本だけ残し、他は引き抜く。そのとき、残すものの根が浮いてしまわないように、気をつける。

＜収穫＞

葉を持って、手で引き抜く(53ペー

【4～5週目：間引き→12週目～：収穫・収量調査→1月中・下旬：試食(御礼肥)】

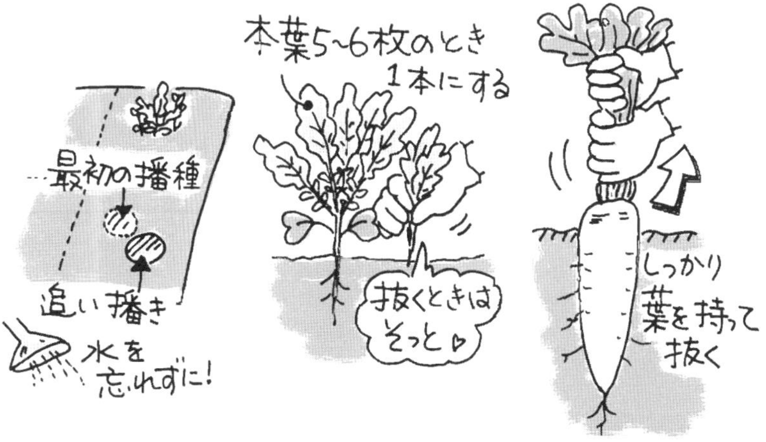

ジ参照)。

＜病害虫対策＞

寒さに向かう時期で、病気や害虫による問題はとくにない。ただし、播種直後はシンクイムシやネキリムシによる害が見られることがある。被害が多いのは間引き前で、欠株となることはあまりない。もし、播種したすべてが被害を受けて枯れた場合は、葉大根として利用する可能性も考え、時期が少し遅くても追い播きするとよい。

飢饉のときには大根やカブも栽培しよう

大根の原産地については異論が多いが、中央アジアから地中海沿岸地方で、野菜として発達したのは中国と考えられています。エジプトでは紀元前2700～2200年ごろにすでに食べられていた記録があり、栽培の歴史がもっとも古い野菜のひとつです。

日本でも古い野菜のひとつで、有史以前に伝えられたと考えられます。古くから、主食を補う大衆的な必需野菜として栽培され、飢餓の年にはとくに重要視されました。日本の大根は、世界でもっとも多くの品種に分かれています。

救荒作物というと、まず登場するのがサツマイモとジャガイモです。しかし、昔の人は、大根もカブも重視してきました。大根は漬物、煮物、生食と調理法が多様で、やせ地でも育つうえに、寒さに強いため、カブは播種から収穫までの期間が短いためです。江戸時代の農書には、「凶作の兆しのある年にはカブを多く播き、難を逃れよ」と書かれているそうです。カブの種子は燈油用にも利用されてきました。

食料自給率が40%と低い日本では、常に海外から食料を買い集めています。そのため、たとえ凶作の年でも、お金さえ出せば何でも手に入ると思っている人が少なくないようです。

しかし、こんな時代がそう長く続くとは考えられません。凶作の年には、寒さに強い大根やカブを栽培すれば輸入に頼らなくてもよいことを、そろそろ肝に銘じておく必要があるでしょう。

◆コカブ・ラディッシュ・チンゲン菜（アブラナ科）
◆サニーレタス（キク科）

栽培難度：易
栽培時期：9月下旬～1月下旬
元　　肥：牛糞堆肥㋩1/2杯、米ぬか㋪山2杯、鶏糞㋪山1杯

使用品種：コカブ＝耐病ひかり
ラディッシュ＝レッドチャイム
チンゲン菜＝青帝チンゲンサイ
サニーレタス＝レッドファイヤー
種子の入手先：大手種苗会社

①コカブ（野菜名：カブ）
別名：カブラ
学名：***Brassica campestris*** **L.（rapifera group）**
英名：turnip
漢字名：蕪菁

収穫まで少し時間がかかりますが、葉も根もおいしく食べられます。播種時期が10月上旬の場合は、年明けにならないと大きいものが収穫できません。年内に強い寒波が来た場合は、十分な大きさになる前に葉が傷んでしまうこともあります。

②ラディッシュ
別名：ハツカダイコン
学名：***Raphaus sativus*** **L.（radicula group）**
英名：radish
漢字名：甘日大根

ハツカダイコン（甘日大根）という和名が示しているように、短期間で収穫できます。4種類のなかで最初に収穫期を迎えますが、一番早く終了してしまいます。9月下旬～10月上旬に播種すると、収穫は6～8週間後の11月中・下旬からとなります。

③チンゲン菜（野菜名：タイ菜）
別名：青軸パクチョイ
学名：***Brassica campestris*** **L.（chinese group）**
英名：pakchoi, chinese mustard

4種類のなかでもっとも虫がつきやすいが、9月下旬～10月上旬に播いた場合は、大きな被害もなく収穫できます。収穫時期は12月以降です。

④サニーレタス
別名：ハチシャ、チリメンチシャ、リーフレタス
学名：***Lactuca sativa*** **L.**
英名：leaf lettuce, curled lettuce

株が大きくなるまで待って株ごと収穫するのではなく、葉を一枚一枚摘んで利用しています。強い寒さがこないかぎり、冬の間ずっと楽しめるからです。

夏休み明け２回目の授業では、春学期にジャガイモを栽培した区画で、コカブ、ラディッシュ、チンゲン菜、サニーレタスを栽培します。できるだけ多くの種類の野菜にふれてもらうために、４種のなかから好きな野菜を２種類以上選んで、１つの区画に播種します。ジャガイモの収穫後に、夏の草の発生を少しでも抑えるために、刈り草や剪定枝でしっかりとマルチをしておいた区画です。

かなり厚めにマルチをしておいても、夏の間にしっかり草に覆われてしまいます。しかし、次の作物を育てるために除草してみると、マルチをしっかりしたところとそうでないところで、はっきりと差が見られます。マルチが厚かったところは草の根が浅く、除草作業がラクです。一方、マルチが薄かったところは草の根が深く、除草作業に手間取ります。

◆つくり方

＜耕耘・整地・元肥＞

畑の隅々までていねいに耕耘し、元肥を入れた後、四隅までていねいに整地する。複数の種類を同じ畑に播くため、区画の隅々まで最大限に活用する必要がある。種子を播く前に整地をしっかり行うことを忘れずに(94・95ページ参照)。

整地が終わったら、通路と平行の方向に等間隔に３本(中央とその両側)、深さ約１cm(人差し指の第１関節の１/2)、幅３〜４cm(人差し指から薬指までの指３本)の、種子を播くための溝を引く。このとき、溝は畑の端から端までしっかり引くこと。引き終わっ

【1週目：耕耘、整地・元肥・播種→(追い播き)】

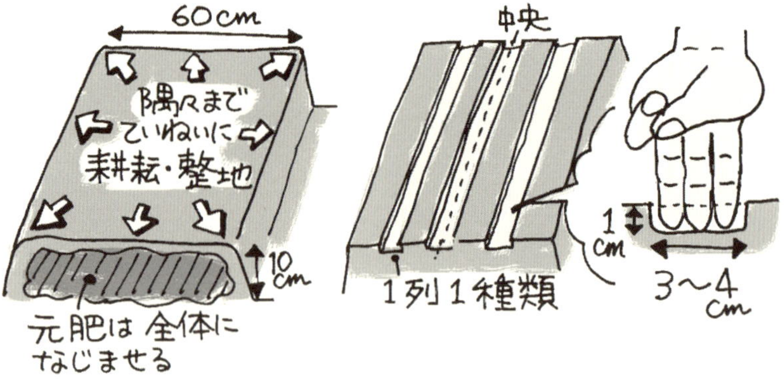

チェックポイント

①播種時：作物による種子の特徴の比較
②播種時期と生長の早さ、作物別の生長速度
③子葉と本葉の形、作物間の形や大きさなど特徴の違い
④間引き菜の利用

たら、希望する野菜の種子を取ってくる。

＜播種＞

種子の分量は、大きさ、すなわち野菜の種類によって異なる。1列1.5mの場合、約1ccの小さじにコカブとチンゲン菜は8分目、サニーレタスは6分目、種子が大きいラディッシュは山盛り1杯が目安。

異なる作物の種子が混じらないように、1列に1種類ずつ播く。厚播き(多く播くこと)して種子が重ならないことと、覆土が厚すぎないことに、気をつけよう。とくに、チンゲン菜やサニーレタスのように小さい種子では、この2点に注意が必要だ。

気温が高く、土が乾燥しているときは、播種前に種子を播く溝にだけ、たっぷり灌水をしてから播くと、発芽がよくそろう。

＜間引き＞

種類ごとに子葉や本葉の形や大き

【4～5週目：間引き→7週目～：収穫・収量調査→1月中旬：(御礼肥)】

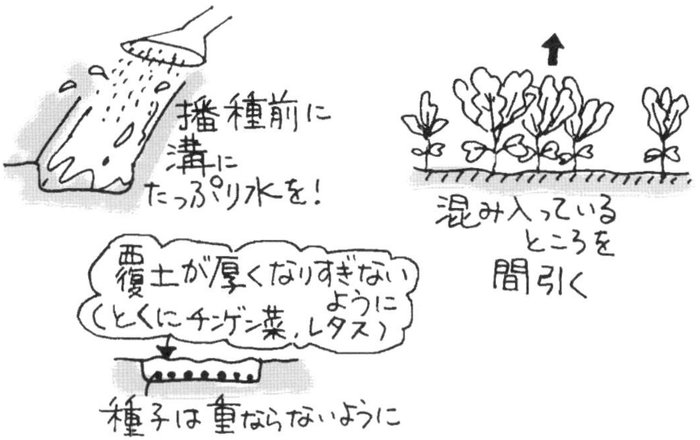
播種前に
溝に
たっぷり水を！
混み入っているところを
間引く
覆土が厚くなりすぎないように
（とくにチンゲン菜、レタス）
種子は重ならないように

さが異なっているのをよく観察しながら、本葉が2〜3枚になったら、最初の間引きを行う。その後は、生育状況を見ながら、混んでいるところから徐々に間引く。コカブとラディッシュ以外は、ハサミを使う。

＜収穫＞

53ページ参照。

土着の品種分化が進んだカブ

原産地は不明、あるいはアフガニスタンとする一元説と、これにヨーロッパ西部・南部を加える二元説とがあります。栽培の歴史は古く、ヨーロッパと中国では紀元前1〜2世紀から、日本では縄文時代に伝えられたという説もあります。

日本ではもっとも古い野菜のひとつとされ、日本書記(693年)に記述があります。全国に広く分布し、地方ごとの嗜好や利用の影響を受け、各地で土着の品種分化が進んだため、品種名として地名が多く使われてきました。

洋種系と和種系があり、洋種系にはコカブのほか、温海《あつみ》や野沢菜が、和種系には漬物で有名な聖護院《しょうごいん》や酸茎菜《すぐき》が含まれます。また、根の大きさによる分類は大カブ、中カブ、小カブ、カブ菜、色の違いによる分類は白カブ、赤カブ、赤紫カブです。

春の七草では、スズナと呼ばれています。生育期間が短く、9月に播けば11月には収穫でき、貯蔵も可能です。それで、かつては代用食としても重視されました。

すぐに収穫できるラディッシュ

大根の変種のひとつで、もっとも小型です。種子を播いてから収穫できるまでの期間が短いため、和名ではハツカダイコンと呼ばれてきました。

来歴は浅く、大根とは起源を異にし、古いヨーロッパの野生種から由来したともいわれています。以前は赤丸型の品種が主体でしたが、近年は白丸、白長、赤長型や上半分赤、下半分白の品種も見られます。

プランターなどで手軽に栽培できる野菜です。

＜病害虫対策＞

チンゲン菜に葉を食べる虫がつくことがあるが、収穫量に大きく影響を与えるほどの被害にはならない。他の３つには、問題となる病害虫はない。

急増した中国野菜チンゲン菜

園芸学的にはツケナ（漬菜）と呼ばれる野菜のひとつである体菜類の代表品種です。軸が青い（緑）パクチョイという意味で青軸パクチョイと呼ばれ、白軸のパクチョイ＝白軸パクチョイと区別されています。日本と中国の国交正常化後、80年代以降に急激に普及した中国野菜のひとつです。

ツケナにはチンゲン菜のほか、水菜、菜心《さいしん》、タアサイ、小松菜、壬生《みぶ》菜、ビタミン菜などが含まれます。なお、カラシナと高菜は、これらとは別にカラシナとして分類されています。

5種類に分かれるレタス

原産地が地中海沿岸から中国にかけて広く分布しているため、形や特性が異なるさまざまなタイプがあります。古く古代エジプトやギリシャ時代から栽培されてきました。日本ではチシャと呼ばれ、カキチシャに分類されるものが8世紀から栽培されたという記録があります。

今日では形と利用方法から、玉レタス（ヘッドレタス、いわゆるレタスとサラダ菜、玉チシャとも呼ばれる）、葉レタス（リーフレタス）、立レタス（コスレタス、タチチシャ）、掻《か》きレタス（カキチシャ）、茎レタス（ステムレタス）の５種類に分類されています。教育農場で栽培しているサニーレタスは、リーフレタスの代表品種のひとつです。

◆ホウレンソウ（アカザ科）

栽培難度：易
栽培時期：10月中旬～3月
元　　肥：牛糞堆肥㋩1/2杯、米ぬか(移)山2杯、鶏糞(移)山2杯、草木灰(移)山1杯
品　　種：トライ
種子の入手先：大手種苗会社

学名：***Spinacia oleracea* L.**
英名：spinach
漢字名：菠薐草、法蓮草

1年間の授業で最後に種子を播くのがホウレンソウで、1年間の成果の結集です。サツマイモの収穫に続けて畑の準備をして、播きます。これが最後の耕耘となると、寂しさを感じる学生も少なくなく、鍬を振り下ろす腕にも力が入るようです。

日本に多い酸性土壌*には非常に弱く、中性の土壌でなければ生長不良となります。そこで、種子播きには石灰となるのですが、すでに書いたように土を固くするので、教育農場では使用しません。代わりに草木灰を使います。

ホウレンソウは寒さに強く、厳しい寒さのなかでも、ゆっくりですが生長を続けています。もちろん、雪が降っても大丈夫です。1月に何回も雪が降り、授業中にスコップで凍った雪を除いてから収穫した年もありました。寒い日の朝、葉の表面が凍ってキラキラ光っている姿は美しいものです。それだけでなく、ホウレンソウは寒くなればなるほど甘みが増して、おいしくなります。これは、植物自身が体内の糖分を増やすことで耐寒性を高めていくからです。最近は、この性質を利用して栽培した、糖度の高い「寒じめホウレンソウ」が売られています。

【〈播種前日：種子の水浸処理（1昼夜）〉→1週目：耕耘・整地・元肥】

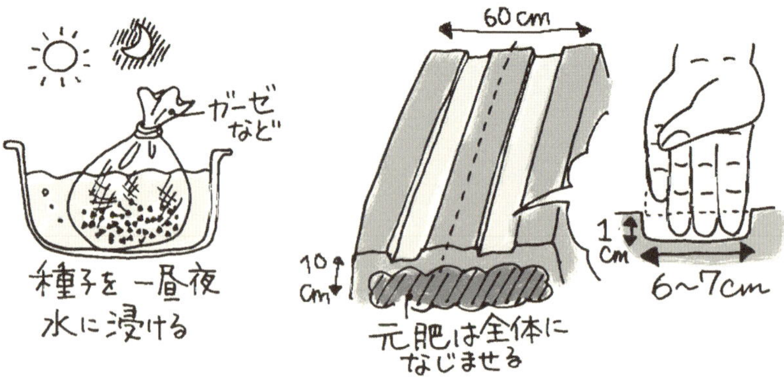

①子葉と本葉の形
②気温の変化と葉の立ち方(ロゼット状)
③気温の変化と食味の変化

冬越しホウレンソウのもうひとつの特徴は、ロゼット状の生育型に変身すること。寒くなるほど、ホウレンソウの葉は、地面に近いところで地を這うように放射線状に広がっていくのです。この状態をロゼット状と呼び、冬から春にかけてタンポポやナズナなど他の植物でもよく見られます。ホウレンソウが両手を広げて、太陽の光を少しでも多く浴びようとしているように見えませんか。

＊日本は降水量が多いため、自然条件では酸性の土壌が多い。植物にも土壌pHの好みがあり、酸性土壌はそれをきらうタマネギやレタスなどの生育に悪影響を及ぼす。一方サツキやブルーベリーなど、酸性土壌を好む植物もある。

◆つくり方

<耕耘・整地・元肥>

ラディッシュやコカブに準じる。ただし、元肥として草木灰を加える。種子を播く溝は、通路と平行の方向に2本、センターラインをはさんで両側に引く。溝の深さはコカブなどと同じく約1cm、幅は多少広く6〜7cm(指4本分)とし、畑の端から端までしっかり引く。溝を引いたら、種子を取ってくる。

<播種>

水に一昼夜、浸けておいた種子(浸漬処理済みの種子)を用いると、発芽がそろう。量は、1.5mで2列の場合、大さじ山盛り2杯分が目安。

種子と種子が重ならないように、バラバラと播く。その後、両側から土をかけ、乾燥しないように、上を軽く押さえる。気温が高いとき(じっとしていても汗ばむような場合)や、乾燥している場合は、発芽が悪くなることが多いので、初めに播き溝に灌水する。

【1週目：播種】

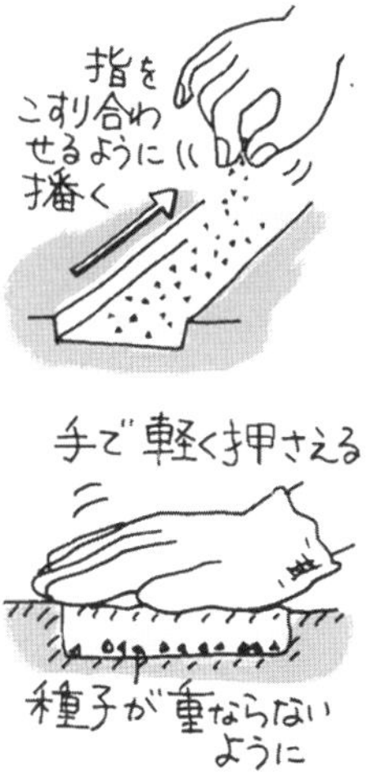

<間引き>

子葉の形をまず観察してみよう。松の葉のように細長い形をしている。本葉が3〜4枚出てくると、ホウレンソウらしい形が見えてくる。そのとき、はさみを使って、混み合っている部分から順に間引く。大きいものから間引くか、小さいものから間引くか、それとも両方を組み合わせるかは、長期間にわたりホウレンソウを食べ続けるのか、短期間で大きいものを収穫し、それで終了してもよいのかで決める。

間引いたものは、大きさに関係なく、おいしく食べられる。冬休みに入る前の味と冬休み明けの味を比べてみるのも、おもしろい。

<収穫>

はさみ(か包丁)を使い、根元を切って収穫する。密集しているところから間引きながら収穫しよう(53ページ参照)。

<貯蔵>

寝かせるか立てるかで、貯蔵性にはっきりと差が出る。立てて貯蔵すると、呼吸による熱がこもらず、日持ちがよくなる。一方、寝かせてしまうと、その部分に熱がこもり、そこから傷み出す(54ページ参照)。

すぐに調理しないときは、葉の方向をそろえて新聞紙などに包み、根を下にして立てて(畑で育っているのと同じ形で)、冷蔵庫や気温の低いところで貯蔵する。

【(追い播き)→4〜5週目：間引き】

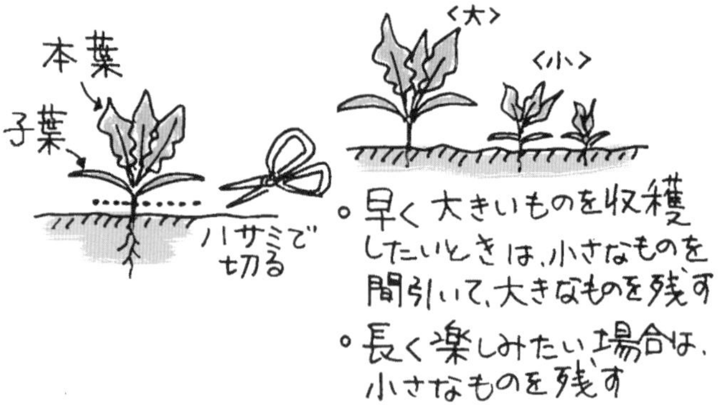

＜利用方法＞

一人暮らしや、一度にたくさん収穫した場合は、少し固めに茹でて、一回分ずつ小分けし、ラップなどに包んで冷凍しておく。味噌汁やうどんの具としたり、バターで炒めてソテーにしたり、青い野菜が少ない冬場に重宝する。

＜病害虫対策＞

問題になる病害虫はない。

交配種が多く、種子は採りやすい

ホウレンソウは西アジア原産とされ、中国には７世紀に、ヨーロッパへは12世紀に伝えられたとされています。

日本における栽培の歴史は外来野菜としては古く、16世紀初頭。その系統が角種子種の在来種（東洋種）となっています。丸種子種の西洋系品種は、明治時代以降に導入されました。

現在は、在来種と西洋系品種のそれぞれがもつ特性を生かした両者の間の交配種がいろいろ育成され、主として栽培されています。たとえば、サラダホウレンソウと呼ばれるアク（シュウ酸）の少ない生食用ホウレンソウも、これらの交配種のひとつです。

なお、ホウレンソウは雄花と雌花が別々の株につく雌雄異株で、風によって受粉します。そのため、比較的人手をかけずに雑種の種子を採ることができます。

【8週目（12月上旬〜）：収穫・収量調査→1月中旬：（御礼肥）】

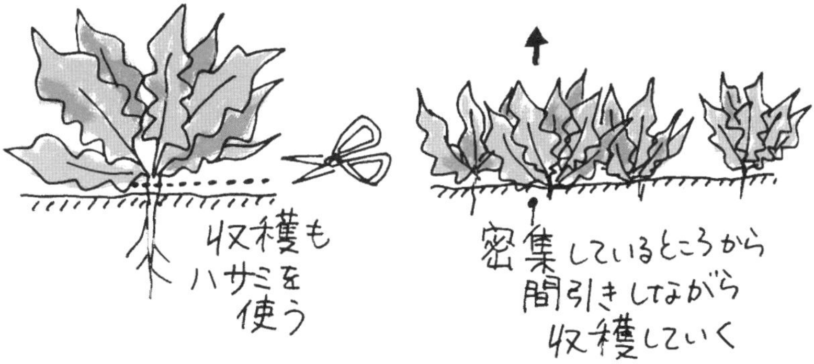
収穫も
ハサミを
使う
密集しているところから
間引きしながら
収穫していく

◆ショウガ（ショウガ科）

栽培難度：中
栽培時期：5月中旬～11月上旬
元　　肥：牛糞堆肥㊇1/2杯、米ぬか(移)山1杯、鶏糞(移)山1杯
使用品種：近江など
苗の入手先：地元JA

学名：*Zingiber officinale* Rosc.
英名：ginger
漢字名：生姜

畑に余裕があるとき、共同の畑で栽培しています。香辛料や薬味として、年間とおして手元に用意しておきたい野菜です。どちらかというと栽培はむずかしいとされていますが、教育農場では土質が適しているのか、夏の雑草管理さえクリアできれば、比較的問題なく育てられます。最近は、畑のスペースの関係で栽培できない年も多いのですが、見本だけでも栽培し、学生に見せたい野菜の1つです。

◆つくり方

＜耕耘・整地・元肥＞

里イモに準じる。整地後、通路と平行方向にセンターラインを引き、その両側にもう1本ずつ線を引く。

＜植え付け＞

種子ショウガを2条の線の上に30 cm間隔（移植ごて1本分の長さ）で置いていく。植え穴の深さは約10 cmとし、覆土が厚くなりすぎないように気をつける。その他の手順は里イモに準じる。

【1週目：耕耘・整地・植え付け】

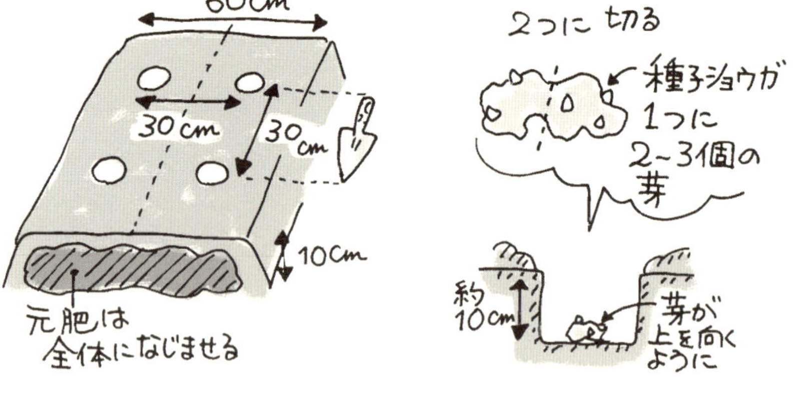

> ①定植時：種子ショウガの芽の付き方、芽の方向、新ショウガのつき方の予想
> ②収穫時：新ショウガのつき方、根ショウガと種子ショウガの関係

＜除草・マルチ＞

里イモに準じる。夏休みに入る前にていねいに除草して、マルチをしっかり敷きこめるかどうかが、ポイントとなる。

＜収穫＞

根のまわりの土を移植ごてかスコップで浮かしてから、株ごと引き抜く。

＜貯蔵＞

寒さと乾燥に弱いので、冷蔵庫には入れないこと。洗って冷凍貯蔵しておき、凍ったまますりおろしたり、切って用いるとよい。

＜病害虫対策＞

とくに問題になるものはない。

重要な香辛野菜

ショウガは熱帯アジア原産で、正倉《しょうそう》院《いん》文書に記述があることから、奈良時代以前に渡来したとされています。平安時代の文献に、朝廷の台所用として栽培されたとして登場する野菜のひとつです。現在では、香辛野菜としてきわめて重要になっています。

【4週目～夏休み前まで：除草・マルチ→10月下旬～11月上旬：収穫・調整・収量調査】

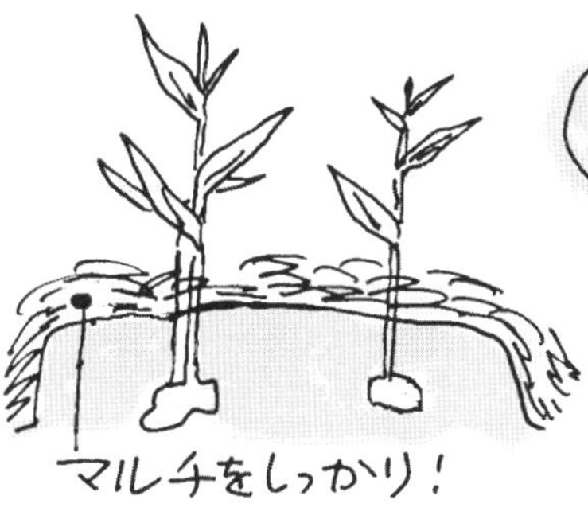

◆ムギワラギク（キク科）

栽培難度：易
栽培時期：4月下旬～11月下旬
元　　肥：牛糞堆肥㋩1/4杯、米ぬか(移)山1杯、鶏糞(移)山1杯（1区画0.8 mx 0.6 m＝0.48㎡）
使用品種：モンストローサ
種子の入手先：大手種苗会社

学名：***Helichrysum bracteatum*** **(Vanten) Andr.**
英名：straw flower

教育農場では、食べる野菜だけでなく、暮らしにいろどりを与える花も育てています。ムギワラギクは、ドライフラワーを用いてコサージュやリースをつくるときの材料です。ゴマ粒よりも小さい種子から芽が出て、私たちの背丈ほどに生長し、花が咲く姿に、生命の偉大さを実感する学生も少なくありません。オーストラリア原産で、1799年にフランスに入り、明治初期にアメリカへ伝わったとされています。

美しいドライフラワーに仕上げるためにはいつ花を収穫したらよいのか、茎の代わりに花に挿して用いる細いワイヤーはいつの時点で挿したらよいのかなど試行錯誤の結果、今日の方法にたどり着いたそうです。このワイヤリング技術は、長年にわたって日本の園芸界に新しい息吹きを吹き込んできた恵泉女学園短期大学園芸生活学科の業績のひとつであるといえるでしょう。

自分で育てたムギワラギクを用いて、リースをつくり、自分の家を飾る。小さなことではありますが、園芸を通じて暮らしが豊かになる生活園芸の基本形です。

◆つくり方

＜耕耘・整地・元肥＞

コカブやチンゲン菜などに準じる。ただし、本学では畑のスペースの関係で、1区画の大きさを標準区画の約1/2としている。したがって、元肥の施用量も半分となる。

ていねいに整地した後、畑を4等分し、それぞれの真ん中に直径約5 cm、深さ5 mm程度の窪みを合計4カ所つくる。その外側に経木《きょうぎ》木製のラ

【1週目：耕耘・整地・播種】

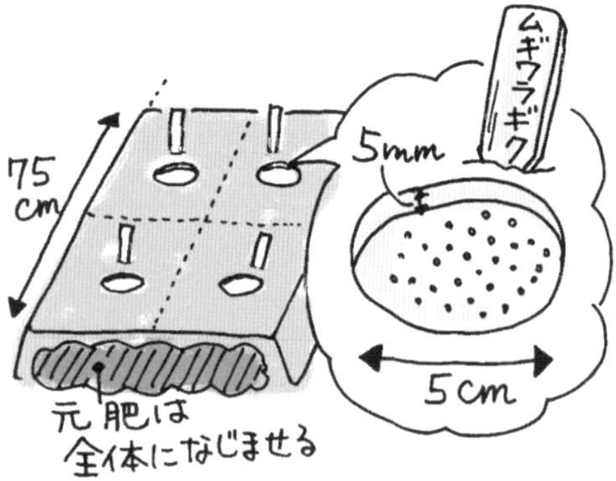

チェックポイント

①定植時：種子の大きさ
②除草作業時：雑草との識別の方法
③収穫時：蕾の状態とワイヤリング後の花の状態

ベルを挿す。ラベルは発芽直後の小さい芽を雑草の芽と間違えて抜かないための目印となる。

＜播種＞

種子の量は約1ccのスプーンに6～7分目。それを4カ所に等分して播く。種子が重ならないように、また種子が小さいので覆土が厚くなりすぎないように、気をつける。

＜追い播き・除草・マルチ＞

2週間以上たっても芽が1本も出ていない部分があったら、前回播種したところは避けて、追い播きをする。続いて、通路と播種をしていない部分の除草を行い、通路の部分にだけマルチをする。

＜間引き・補植＞

1回目は、1カ所5～10本残して抜き取る。2回目は、1カ所1本にする。いずれも、根が絡まっていて、残すものの根が浮いてしまう心配がある場合は、引き抜かずにはさみを用いて根元を切る。

また、間引いたものを補植用に使いたい場合は、移植ごてなどを使って、根を切らないように気をつけな

【3～4週目：追い播き・除草・マルチ（通路）→9週目：1回目間引き・補植→11週目：2回目間引き・除草・マルチ】

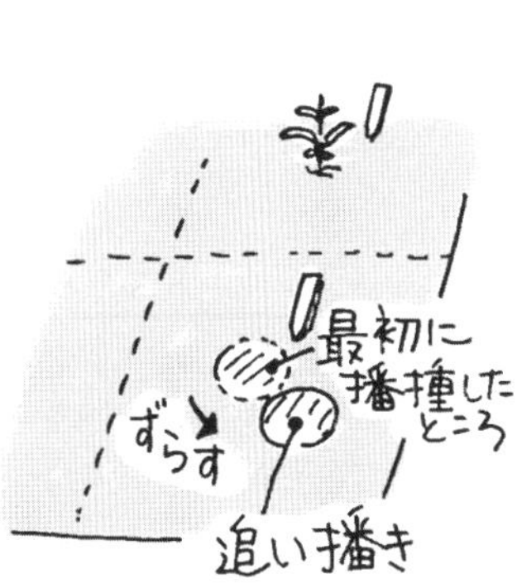
最初に播種したところ
ずらす
追い播き

ムギワラギク
根が切れないようにていねいに抜き補植用にしてもよい
○1回目の間引きで5～6本にする
○2回目で1本にする

がら間引きする。間引き後は、必ず根元に土を寄せて、残した株がグラグラしないようにしておく。

＜支柱立て（ネット張り）＞

背丈が高くなると倒れやすい。そこで、夏休みに入る前に、短い支柱を区画の４隅に立て、周辺に麻ひもを回し、株が倒れないようにしておく必要がある。このとき、草丈に合わせ、間隔をおいて段階的に麻ひもを張ると、ゆるまない。この作業が面倒な場合は、倒伏防止用のネットを利用するとよい。

＜収穫・利用＞

56〜59ページ参照。

【12週目：支柱立て（ネット張り）→13週目〜：収穫（ワイヤリング）】

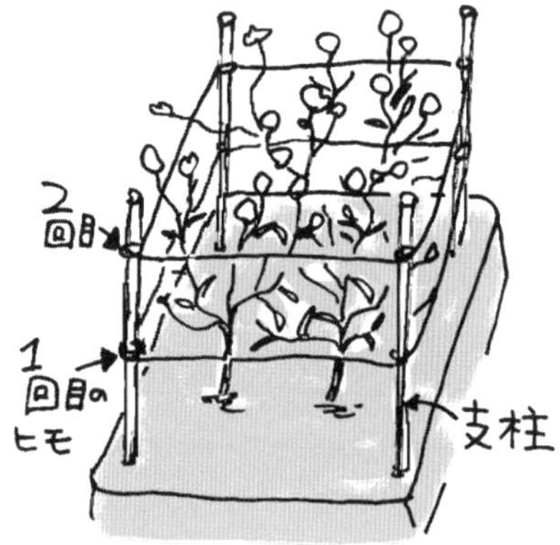

＜病害虫対策＞

とくに問題になるものはない。

親切の輪ピーナッツ・ウィーク

クリスマスまでの４週間をキリスト教ではアドベントと呼び、さまざまな行事が行われます。生活園芸の授業でも「ピーナッツ・ウィーク」という関連行事（元々は全寮制の短期大学園芸生活学科で行われていた）を取り入れてきました。同じクラスの仲間の名前が書かれた小さな紙が入れてあるピーナッツを引き、１週間、自分が引いた名前の相手に気づかれないように何か親切を行うように努めます。そして１週間後に、その相手にクリスマスカードと手づくりのプレゼントを渡すのです。

何かをしてもらったから、何かをするという１対１の関係ではなく、ひとりひとりが自分のできることをできるときに行うことで、みんなが住みやすい社会をつくっていく。言い換えれば、親切の輪についてクリスマスを前に考えようという趣旨です。

実習以外はほとんど出会うことがない学生同士もいて、親切の実行は簡単ではありません。それでも、人と人との関係について考える機会をもててよかったという感想が毎年、学生のレポートに見られます。

◆センニチコウ（ヒユ科）

栽培難度・栽培時期・元肥：ムギワラギクに準ずる
品種：ストロベリーフィールド、ローズネオンなど

学名：***Gromohrena globosa* L.**
英名：globe amaranth

熱帯アメリカ原産の１年草です。ムギワラギクとともに、ドライフラワーをつくり、リースの材料として用います。栽培方法は、ほぼムギワラギクと同じです。ただし、畑への直播きでは発芽が悪いため、スタッフが育苗したものをムギワラギクの続きの区画に定植して、育てています。作業の流れは以下のとおりです。

１週目：耕耘・整地・播種→3～4 週目：追い播き・除草・マルチ（通路）→6～7 週目：（定植）→9～11 週目：間引き・補植・除草・マルチ→7 月：収穫（ワイヤリング）。

ドライフラワーに用いる場合は、どの段階の花を収穫するかがキーポントです。もっとも、ドライフラワー用としては収穫時期を逸してしまっても、数十本も束ねて英字新聞で包んでリボンをつけると、とても素敵な花束になります。この花束を元の農林水産大臣にプレゼントしたら、たいへん喜ばれました。

◆ポップコーン（イネ科）

栽培難度：中
栽培時期：6月中旬～10月中旬
元　　肥：牛糞堆肥㋩1/2杯、米ぬか㊉山2杯、鶏糞㊉山2杯
種子の入手先：種苗交換会など国内で自家採取されたもの

別名：ハゼトウモロコシ
学名：***Zea mays* L.**（**everta group**）
英名：popcorn

遺伝子組み換えトウモロコシの混入問題以降、栽培を見合わせていますが、以前はムギワラギクと組み合わせて1区画としていました。できあがったポップコーンは誰でも買って食べたことはあっても、自分でつくった経験をもつ学生はほとんどいません。畑にカセットコンロと鍋を持ち込んで、楽しみました。

また、収穫時に皮をていねいにむいて裏返し、ひもで結んでリボンをつけると、立派な壁飾りのできあがり。食べるだけでなく、壁飾りとしても楽しめるのです。さらに、翌年まで飾り、春が来たらその種子をはずして播けば、立派な自家採種のポップコーン種子にもなります。

機会があれば、ぜひ復活させたい、魅力のある作物です。ただし、収穫時期が夏休み中となったり、収穫直前に台風で倒れたりすることがあります。また、夏休み明け直後は秋野菜の植え付けで忙しく、現行の時間枠で復活させるには工夫が必要です。

【1週目（5～6月）：耕耘・整地・播種→3週目（追い播き・除草・マルチ）】

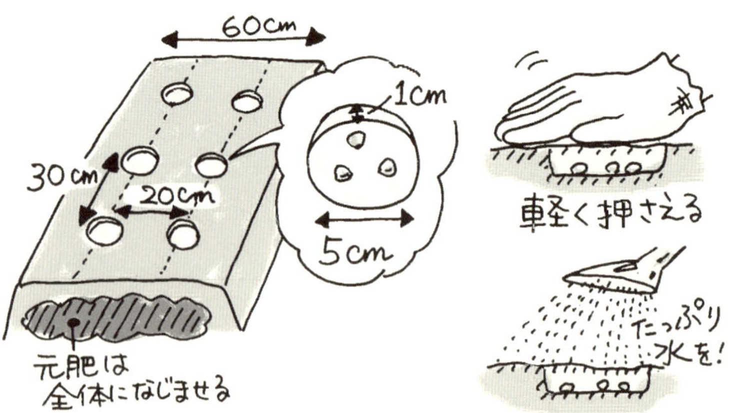

◆つくり方

＜耕耘・整地・播種＞

他の多くの作物に準じる。整地後、通路と平行方向に２本の線を引き、30 cm 間隔で直径約５cm、深さ約１cm の窪みをつくっていく。その窪みに３粒ずつ種子を播き、周囲から土をかけて軽く押さえ、水をたっぷりやる。

＜追い播き・除草・マルチ＞

芽が１本も出ていない部分があったら、前回播種したところは避けて、追い播きする。続いて、通路と播種していない部分の除草を行い、最後に通路の部分にだけマルチをする。

＜間引き・土寄せ・マルチ＞

１カ所２本として、残りは間引く。このとき、残したいものの根が浮いてしまわないように、根元を押さえて引き抜く。間引きした後は、必ず根元に土を寄せて、残した株がグラグラしないようにしておこう。

＜芽欠き・土寄せ＞

根元から出ている脇芽を引き抜くか、根元をはさみで切る。引き抜くときは、元の株が抜けてしまわないように、根元をしっかり押さえる。芽欠きを行ったら、必ず土寄せをしておく。

＜収穫＞

茎の色が茶色になってカサカサしてきたら、いよいよ収穫です。実を収穫し(52ページ参照)、外の皮を１枚１枚ていねいにむいていこう。こ

【4週目：間引き・土寄せ・マルチ→6週目：芽欠き・土寄せ・→10月上・中旬：収穫】

1ヶ所2本にする
根元を押さえて
引き抜く
たっぷり
土寄せ
押さえて
根元から出ている
脇芽は引き抜くか
はさみで切る

のとき、外の皮をすべて取ってしまわずに、裏返してひもで結び、乾燥させたり、リボンをつけて飾ると、おしゃれ。

ポップコーンをつくってみよう

トウモロコシは、コムギ、イネとともに３大穀物のひとつです。食料だけでなく、飼料（動物の餌）にも多く用いられています。さまざまな変種があり、ポップコーンはそのひとつです。

私たちがふだん食べているトウモロコシはスィート種（甘味種）、飼料用におもに用いられるのはデント種（馬歯種）とフリント種（硬粒種）で、ポップ種（爆裂種）と呼ばれるポップコーン用とは区別されています。スィートコーンを完熟させてポップコーンをつくろうとしても、うまくはぜてくれません。

ここでは、子どもたちが主体的に栽培を行うプログラムを提案します。教育指導要領も参考にしながら組み立ててみました。恵泉女学園大学の教育農場で実践している栽培プログラムがベースです。「総合的な学習の時間」を単なる体験で終わらせず、本来の目的である「生きる力を育む」ものとするためには、教える側が何を伝えるべきか明確なビジョンと自信をもって、それでいて真摯に、児童・生徒と向き合うことが重要です。

第5章 「総合的な学習の時間」のための栽培プログラム

誰でも、初めて作物を栽培するときは無事に収穫できるか不安になります。しかし、失敗を恐れずに、取り組んでみてください。

なお、学校農園として利用できる畑があることが前提です。畑がない場合は、大型のプランターなどを用いた栽培も可能ですが、水管理などがむずかしくなります。

到達目標

どのような力を育もうとしているのか、何を伝えようとしているのか。

①自分でつくって、食べる力

食べることの楽しさを体験し、それをとおして食と健康のかかわりを考える。

②五感をはたらかせ、感性を磨き育てる力

季節の移り変わりを肌で感じ、感動する心を育む。

③自然とかかわる力

人と作物、作物と雑草、作物と昆虫、人と昆虫、天候と作物の育ちなど、さまざまなかかわりに目を向ける。

④人と人との関係を大切にする力

協調性や他者を思いやる心を育てる。

1年間の栽培スケジュール

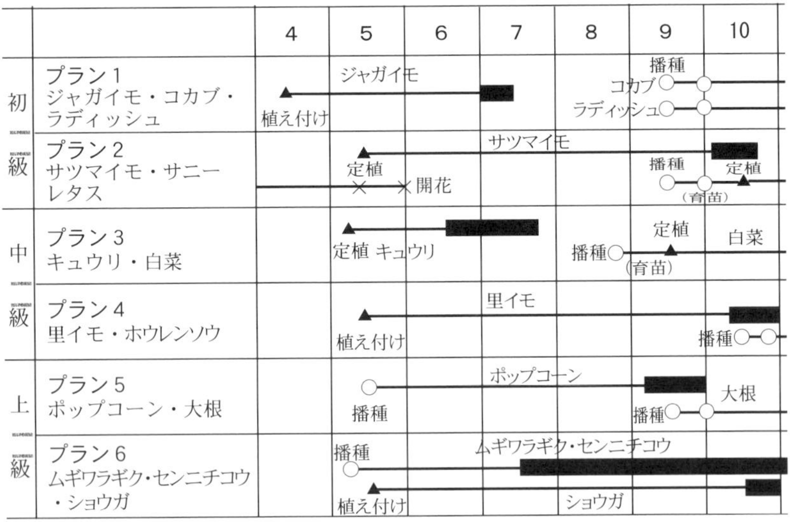
4
5
6
7
8
9
10
初級
プラン1
ジャガイモ・コカブ・ラディッシュ
ジャガイモ
植え付け
播種
コカブ
ラディッシュ
プラン2
サツマイモ・サニーレタス
サツマイモ
定植
開花
播種
定植
(育苗)
中級
プラン3
キュウリ・白菜
定植 キュウリ
播種
定植
(育苗)
白菜
プラン4
里イモ・ホウレンソウ
里イモ
植え付け
播種
上級
プラン5
ポップコーン・大根
ポップコーン
播種
大根
播種
プラン6
ムギワラギク・センニチコウ・ショウガ
播種
ムギワラギク・センニチコウ
植え付け
ショウガ

○播種、▲定植・植え付け、■収穫

栽培プログラムを実践する際の心がまえ

①植物から学ぶことに徹する

子どもたちと同じ視線で植物を育て、観察し、感動する。

②ともに育つ

作物を育てることを通じて、児童・生徒とともに教員も育てられる。

③失敗を恐れない

失敗や挫折の体験から学び、失敗を学びにつなげる。

学年別の栽培プログラム

「総合的な学習の時間」を利用した、子どもたちが主体的に栽培を行うプログラムを、栽培経験がほとんどない教員でも、初級プランからの積み上げで一定の成果が得られるように配慮して、つくりました。直接の対象は小学生ですが、何を学ぶべきかを対象者の年齢や発達段階に合わせていけば、中学校や高等学校で実施しても、十分に教育効果をあげられると思います。

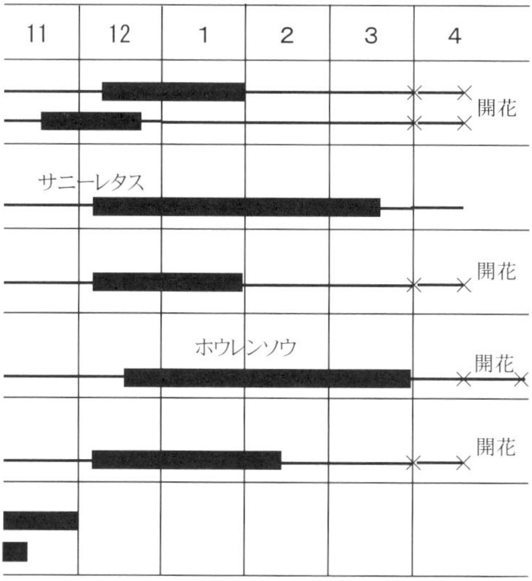

また、基礎を学び、ある程度の栽培体験を積んだ後は、自分が育ててみたい作物に挑戦してもらいましょう。個々の作物の栽培管理方法は、第4章を参照してください。

初級者プラン（1・2年生向け）

プラン1

ジャガイモ→（夏休み）→コカブかラディッシュ(両方でもよい)

プラン2

サツマイモ→（夏休み）→サツマイモ収穫／サニーレタス

ポイント

①身近な野菜を自分で育てて、食べてみる。
②ジャガイモやサツマイモは失敗が少なく、誰でも挑戦しやすい。量の多少はあっても、収穫できないことはほとんどない。
③試食することで大きな満足感が得られる。
④夏休み以降は、種子の播き方や間引きが少し複雑な野菜に挑戦する。
⑤サニーレタスは、サツマイモ収穫直後の直播では少し遅すぎる。ポットかプランターに9月のうちに種子を播き、苗を育てておいて、移植すると、確実に収穫できる。育苗方法は白菜に準ずる。ただし、1ポットあたり約10粒を散播きとする。
⑥コカブやラディッシュ、サニーレタスは一部を翌春までそのまま残し、花が咲き、実がつき、種子ができることを体験する。

中級者プラン（３・４年生向け）

プラン３

キュウリ→（夏休み）→白菜

プラン４

里イモ→（夏休み）→里イモ収穫／ホウレンソウ(小松菜)

ポイント

①身近な野菜を自分で育てて、食べてみる。協力して作業をする楽しさを知る。

②キュウリはグループ管理、里イモはクラス管理とすれば、少人数での責任をもった管理とみんなで協力しての作業がともに学べる。

③キュウリや白菜は、購入苗を利用する。

④キュウリは少し手がかかるが、手入れをしながら、植物の育ち方を観察できる。キュウリの中にあるのは種子で、実の中に種子ができることを体験する。

⑤動植物の活動や生長と季節のかかわりについて考えてみる。白菜につく虫が寒さとともに少なくなることや、ホウレンソウの生長と食味が季節によって違うことを観察・実感する。

⑥白菜とホウレンソウは一部を翌春まで残し、花が咲き、実がつき、その中に種子ができることを観察する。

⑦里イモの生長と夏の天候との関係を観察する。また、イモだけでなくズイキ(茎)も食べてみよう。

上級者プラン（5・6年生向け）

プラン5

ポップコーン→(夏休み)→大根

プラン6a

ムギワラギク・センニチコウ

プラン6b

ショウガ

ポイント

①種子から作物を育てて利用する。装飾用や香辛料の栽培にも挑戦する。
ポップコーン→壁飾り・ポップコーン(食用)
ムギワラギク・センニチコウ→ドライフラワーにして部屋に飾ったり、家族に贈る。
②植物は種子の中の養分をもとに発芽し、発芽には水、空気、温度が、生長には日光や肥料が関係していることを観察する。
③ショウガやムギワラギクは寒さが厳しくなり、霜にあたると枯れることを体験する。
④大根は一部を翌春まで残し、花が咲き、実がつき、その中に種子ができることを観察する。
⑤ムギワラギク・センニチコウは補植用の苗をつくっておく。

とくに気をつけること

①同じ場所で同じ作物を連続してつくらず、輪作を行う。
②畑で出た雑草や残滓《ざんさい》は外部に持ち出さず、すべて畑にマルチとして敷き込む。
③牛糞堆肥や鶏糞は近くの有機農家から手に入れるか、適切な入手先(できるだけ遠くないところ)を紹介してもらう。
④米ぬかは近くのお米屋さんから入手する。
⑤学内で出る落ち葉や剪定枝は一カ所に集め、徐々に畑に入れる。
⑥夏休みをまたがって生育するものは、夏休み前に除草とマルチを徹底的に行う。
⑦児童・生徒用の畑のそばに、ここで取り上げた以外の作物も数株ずつ栽培する見本園をつくり、より多くの作物にふれる機会を設ける。

教育農場で育てる野菜の

作物名	英語	フランス語	スペイン語	ドイツ語	中国語
キュウリ (キウリ)	Cucumber	Concombre	Pepino	Gurke	黄瓜(huánggua) 胡瓜(hūgua)
コカブ	Turnip	Navet	Nabo	Herbstrübe	蕪菁(wújīng) 蔓菁 大头菜(dàtoúcài)
サツマイモ (カンショ)	Sweet potato Spanish potato	Patate douce	Batata, Boniato, Camote, Batata doce, Patata dulce	Süßkartoffel	甘薯/甘藷(gānshǔ) 白薯(báishǔ) 番薯(fānshǔ)
里イモ	Taro, Dasheen, Cocoyam, Eddoe	Colocase des ancies Colocase	—	Taro,Kolokazie Zehrwurzel	芋头(yùtou) 芋(yù) 芋奶(yùnai)
ジャガイモ	Potato Irish potato White potato	Pomme de terre	Patata Papa	Kartoffel	馬鈴薯(mǎlingshǔ) 土豆(tǔdòu) 陽芋、洋芋
ショウガ	Ginger	Gingembre	Jengibre	Ingwer	姜(jiāng) 块(kuài)
センニチコウ	Globe amaranth	Amarantoide	—	Kugelamarant	千日紅 (qiānrìhóng)
大根	Daikon Japanese radish Chinese winter radish Giant white radish	Radis	Nabo japonés	Rettich	莱菔(láifú) 蘿蔔/萝卜(luóbo)
タイ菜、パクチョイ(品種名チンゲン菜)	Pak–choi Chinese mustard	—	—	—	小白菜(xiáobáicài) 油菜心(yòucàixīn) (青梗菜) (qìnggěngcài)
白菜	Chinese cabbage Pe–tsai, Clelery cabbage	Chou chinois Pe–Tsi ameliore	—	Chinakohl Pekingkohl	大白菜(dàbáicài)
ホウレンソウ	Spinach	Épinard	Espinaca	Spinat Garten spinat	菠菜(bōcài) 菠薐菜(bōléngcài)
ポップコーン	Popcorn	Pop–corn	Palomitas de maize Cabrita	—	—
ムギワラギク	Straw flower Everlasting	Immortelle	—	Strohblume	—
ラディッシュ	Radish	Radis	Rabano	Radieschen	—
レタス ①ヘッドレタス (いわゆるレタス) ②リーフレタス (品種名サニーレタス)	①Head lettuce ②Leaf lettuce Curled lettuce	Laitue ①Laitue pommée ②Laitue	Lechuga ②Lechuga	Salat, Garten salat, Lattich, Gartenlattich ①Kopfsalat ②Salat	萵苣(wōjù) 萵菜(wōcài) 萵笋(wōjù)

各国語での呼び方

ハングル語	タイ語	タガログ語	インドネシア語	ベンガル語
오이 (オイ)	แตงกวา (Tengkwa)	Pipino (ピピーノ)	Ketimun Mentimum	Lau
순무 (スンム)	แรดิช (หัวผักกาดแดง) Turnip (huaphakkad khao)	Singkamas (シンカマス)	Lobak cina Turnip	—
고구마 (コグマ)	มันเทศ (Manthet)	Kamote (カモテ)	Ubi, Ubi jalar, Ubi jawa, Ubi manis, Ubi rambat	Misti ALoo
토란 (トラン)	เผือก (Phuag)	Gabi (ガビ)	Keladi Talas	Kachu
감자 (カムジャ)	มันฝรั่ง (Manfarang)	Patatas (パタタス)	Kentang, Ubi belanda, Ubi benggala, Ubi kentang	ALoo
생강 (センガン)	ขิง (King)	Luya (ルーヤ)	Jahe Halia	Ada
	ดอกบานไม่รู้โรย (Dok banmairuuroi)	—	Ratnapakaya, Bunga Kancing, Comfrena	—
무우(ムウ)	หัวไช้เท้า (Hua Pakkad, Huachai tao) Hua phak kaat	Labanos (ラバノス)	Lobak Radis Rades	Mula
—	ผักกาดฮ่องเต้ (Phak Hong te) Phak kaet bai	Petsay, Pechay (ペッツァイ)	Sawi Petsai	—
배추 (ペチュ)	ผักกาดขาว (Pakkad khao)	Petsay–Tsina (ペッツァイ チーナ)	Sawi putih	China Band-hakobi
시금치 (シグムチ)	ผักปวยเล้ง (Pak poileng) Phak khoam	Kulitis (クリティス)	Bayam Peleng Puileng	Palang Shak
팝콘 (パップコン)	ข้าวโพด (ชนิดที่นำมาทำข้าวโพดคั่ว) (Khaopode)	Papkorn (パップコーン)	Jagung brondong Jagung kembang Jagung meletus	Popcorn
떡쑥 (トクスク)	ดอกกระดาษ (Dok gradad)	Walang–hang-gan (ワラン ハンガン)	—	—
래디시 (レディシ)	เทอร์นิป(หัวผักกาดขาว) (Radish/huaphakkad dang)	—	Lobak merah pedas Lobak, Rades, Radis	—
양상치 (ヤンサンチ)	ผักกาดแก้ว (Khak kad keaw) ② ผักสลัด(Phak salad)	Litsugas (リッツスーガス)	Daun selada Daun sla Salada	Letus

あとがき

恵泉女学園大学で生活園芸を担当する機会が与えられたことに、私は心から感謝しています。私はこの授業に情熱を注ぎ、授業を通じて多くを学んできました。そして、これからもそうあり続けたいと思っています。

私が本書の企画を考えたのは2001年、人間環境学科が新設された年です。それから4年、恵泉女学園は短期大学園芸生活学科を閉じて大学に統合するという英断を下しました。本日は、新たな歴史の一歩を踏み出す日です。

その一方で、本学園の創立者・河井道が園芸に求めた「自然を慈しみ、生命を尊び、人間の基本的なあり方を学ぶ」重要性は、広く認識されるようになりました。私たちは今後、「変わってはいけないもの」と「変わらなければならないもの」を見極め、行動することが大切です。そうした節目に本書を刊行でき、因縁めいたものを感じています。

出版までの道のりは長く、多くの方にお世話になりました。なかでも、新妻昭夫教育農場長には企画段階から貴重なアドバイスを、菊地牧恵副手と竹島洋子元副手には実務的な協力を、恵泉女学園からは出版助成金をいただきました。そのほか、生活園芸Ⅰで有機農業を基本としたカリキュラムの実践を認め、協力してくださっている園芸担当教員をはじめとする恵泉女学園大学および各方面の関係者の皆様に、この場を借りて深く感謝いたします。

また、コモンズの大江正章さん、イラストレーターの高田美果さんの暖かく根気強い励ましなしでは、この本はできませんでした。そして、忙しく飛びまわっている私を見守り、支えてくれたパートナーの芳英さん、農業の豊かさ、楽しさ、厳しさを教えてもらった両親、いつも仕事ばかりと不満を言わせてしまっている息子の芳秋と笙。みんな本当にありがとうございました。

2005年4月1日

澤登 早苗

【著者紹介】
澤登早苗（さわのぼり・さなえ）
1959年　山梨県山梨市(旧牧丘町)生まれ。
1981年　東京農工大学農学部農学科卒業。
1982年　文部省奨学生としてニュージーランド、マッセイ大学大学院に留学。
1983年　マッセイ大学大学院ディプロマコース修了。
1990年　東京農工大学大学院連合農学研究科修了。農学博士。
専　門　農学(園芸学・有機農業学)。
現　在　恵泉女学園大学人間社会学部・大学院平和学研究科教授、教育農場長、日本有機農業学会会長、やまなし有機農業連絡会議代表。山梨でブドウやキウイフルーツの有機無農薬栽培を実践するとともに、2003年からは東京・南青山にある子育てひろば「あい・ぽーと」の園庭で、未就学児とその家族を対象とした有機野菜教室を開いている。
共　著　『有機農業研究年報 Vol.4』(コモンズ、2004年)、『有機農業研究年報 Vol.5』(コモンズ、2005年)、「子育て支援施設における有機園芸の実践とその効果」(『園芸文化』第3号、2006年)など。

教育農場の四季

2005年4月25日●初版発行
2015年4月20日●3刷発行

著者●澤登早苗

発行者●大江正章
発行所●コモンズ

東京都新宿区下落合 1-5-10-1002
☎03-5386-6972 FAX03-5386-6945

振替　00110-5-400120

info@commonsonline.co.jp
http://www.commonsonline.co.jp/

印刷／東京創文社　製本／東京美術紙工
乱丁・落丁はお取り替えいたします。

ISBN 4-86187-004-6　C 0037